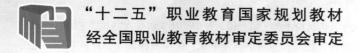

"十二五"职业教育国家规划教材

经全国职业教育教材审定委员会审定

三维动画设计软件应用
（Maya 2022）

姜全生　刘雪慧　刘丽燕◎主　编

董墨林　吕　冰　李彩霞　李瑞良　王洪蕾◎副主编

电子工业出版社·

Publishing House of Electronics Industry

北京·BEIJING

内 容 简 介

本书根据教育部发布的《中等职业学校专业教学标准（试行）信息技术类（第一辑）》中的相关教学内容和要求编写而成。

本书具体内容由 28 个任务组成，分别是：Maya 的基本操作，使用旋转命令制作苹果，使用放样命令制作罗马柱，使用挤出命令制作茶杯，使用创建命令制作球体，结合、分离、提取电脑桌，使用布尔运算命令制作笔筒，使用挤出命令制作键盘，三点布光原则，摄影机的景深效果，制作玻璃杯的材质，制作恐龙的材质，制作小球弹地运动，制作小球撞球进洞动画，制作航空母舰动画，制作机器人的骨骼，对机器人进行控制器装配，使用蒙皮进行手臂的骨骼绑定，对给出的场景进行渲染，使用 IPR 渲染场景，使用 Maya 向量渲染方式渲染动画角色，以及综合案例的 7 个任务。通过任务设置，让学生了解和体会 Maya，为学习三维动画其他相关课程打下基础。

本书可作为数字媒体技术应用专业的专业核心课程教材，也可作为各类数字媒体技术培训班的教材，还可供数字媒体方向入门人员参考学习。

图书在版编目（CIP）数据

三维动画设计软件应用：Maya 2022 / 姜全生，刘雪慧，刘丽燕主编 . —北京：电子工业出版社，2024.3

ISBN 978-7-121-47611-2

Ⅰ. ①三… Ⅱ. ①姜… ②刘… ③刘… Ⅲ. ①三维动画软件—中等专业学校—教材 Ⅳ. ①TP391.414

中国国家版本馆 CIP 数据核字（2024）第 064592 号

责任编辑：郑小燕　　　特约编辑：徐　震
印　　刷：中煤（北京）印务有限公司
装　　订：中煤（北京）印务有限公司
出版发行：电子工业出版社
　　　　　北京市海淀区万寿路 173 信箱　　邮编　　100036
开　　本：880×1 230　　1/16　　印张：13.25　　字数：305.28 千字
版　　次：2024 年 3 月第 1 版
印　　次：2025 年 2 月第 3 次印刷
定　　价：46.80 元

凡所购买电子工业出版社图书有缺损问题，请向购买书店调换。若书店售缺，请与本社发行部联系，联系及邮购电话：（010）88254888，88258888。

质量投诉请发邮件至 zlts@phei.com.cn，盗版侵权举报请发邮件至 dbqq@phei.com.cn。

本书咨询联系方式：（010）88254550，zhengxy@phei.com.cn。

前 言 *PREFACE*

为建立健全教育质量保障体系，提高职业教育质量，教育部于 2014 年发布了中等职业学校专业教学标准（以下简称专业教学标准）。专业教学标准是指导和管理中等职业学校教学工作的主要依据，是保证教育教学质量和人才培养规格的纲领性教学文件。"教育部办公厅关于公布首批《中等职业学校专业教学标准（试行）》目录的通知"（教职成厅函〔2014〕11 号）强调，"专业教学标准是开展专业教学的基本文件，是明确培养目标和规格、组织实施教学、规范教学管理、加强专业建设、开发教材和学习资源的基本依据，是评估教育教学质量的主要标尺，同时也是社会用人单位选用中等职业学校毕业生的重要参考。"

◆ 本书特色

为适应职业教育计算机类专业课程改革的要求，本书根据教育部发布的《中等职业学校专业教学标准（试行）信息技术类（第一辑）》中的相关教学内容和要求编写而成。

本书作者均为具有多年教学经验的老师，具有商业影视制作的经验，熟知初学者最渴望了解的影视制作方面的基本方法和技巧，能将复杂的知识点通俗易懂地通过不同的项目介绍出来。本书具有以下特色：

➢ 定位明确，注重操作能力的提高

本书是"十二五"职业教育国家规划教材《三维动画设计软件应用（Maya 2013）》的修订版，针对中职学生的特点和知识现状，通俗易懂地讲解了影视后期合成制作的相关知识，突出项目的趣味性和实用性，关注思政教育和人文素养提升，重点培养学生的技巧运用能力。

➢ 编写体例上更符合认知和教学规律

本书在编写体例上采用任务式，通过任务制作将应用的知识进行串接，打破了传统教材的章节模式，以操作为主。每个任务由任务分析、任务实施、新知解析、任务拓展、任务总结、任务评估构成。在任务的选用上注重知识点的有效性、综合性和技巧性，将制作方法和商业制作技巧有效结合。任务之间形成难度梯度，便于学生有效地进行把握。在任务的前后顺序安排上更符合认知层次提高的习惯。

➢ 侧重实用技术讲解，提高综合实战能力

本书在讲解制作技术的同时，侧重画面节奏、音乐节奏的把握，将时尚的制作手法应用到任务制作中。

◆ 本书作者

本书由青岛市教育科学研究院姜全生、青岛西海岸新区高级职业技术学校刘雪慧、平度市职业教育中心刘丽燕担任主编，青岛商务学校董墨林、青岛财经职业学校吕冰、青岛华夏职业学校李彩霞、青岛商务学校李瑞良、青岛万美盛世科技信息有限公司王洪蕾担任副主编。由于编者水平有限，书中难免存在疏漏和不足之处，恳请广大读者批评指正。

◆ 教学资源

为了提高学习效率和教学效果，方便教师教学，本书配备了包括电子教案、素材文件等在内的教学资源。请有此需要的读者登录华信教育资源网免费注册后进行下载，有问题时请在网站留言板留言或与电子工业出版社联系。

编　者

目 录 CONTENTS

三维动画设计软件应用（Maya 2022）

第 1 章

走进 Maya

Maya 是 Autodesk 公司出品的当今较为常用的三维动画软件。

Maya 功能完善、操作灵活、易学易用，制作效率极高，渲染真实感极强，是电影级别的高端制作软件，可用于专业的影视广告、角色动画、电影特技、游戏等，其售价高昂，是制作者梦寐以求的制作工具。Maya 相对目前市面上的三维软件，在制作时间和制作步骤上需要更多的时间，但在细节表现和最终效果上要优于其他三维软件。Maya 对插件的依赖相对较小，具有极高的可控制性和可操作性。

Maya 继承了 Alias/Wavefront 最先进的动画及数字效果技术。它不仅包括一般的三维和视觉效果制作的功能，而且还与最先进的建模、材质、数字化布料模拟、粒子流体动力学演算、毛发渲染、运动匹配技术相结合。Maya 可在 Windows NT 与 SGI IRIX 操作系统上运行。Maya 的强大功能使它成为专业动画和特技人员的首选工具之一。

然而 Maya 的复杂性和多变性可能会令一些初学者退缩，要精通这么一个复杂的软件，仅靠某一个工具或者某一项操作是不够的，关键要以一种逻辑的和有效的方式来组合所有的功能。相信通过我们的努力，以及同学们艰苦卓绝的摸索与练习，终究有一天我们不再会对国外精彩大片的特技效果瞠目结舌，会用更理性、更专业的视角去剖析、审视作品，制作出属于自己的动画。

在 Maya 中，一个完整的动画项目从设计制作到最终渲染输出，其制作流程包括 6 个基本的阶段：项目建立、模型创建、材质编辑、灯光布置、动画动作及渲染输出。从照片级真实感视觉效果到真实逼真的三维角色，Maya 可以帮助美术师、设计师和 CG 艺术家更加轻松地创造出极具吸引力的作品。

1. 前期

总的来说，Maya 的动画流程分为前期、中期和后期，流程如图 1-1 所示。

前期包括以下流程，如图 1-2 所示。

剧本：在开始动手制作一部动画之前首先要有个好的剧本，知道这是个什么故事，有哪些角色，什么情节。这非常重要，直接决定了影片的未来走向，包括受众定位、影片风格、画面风格、叙事方式等。

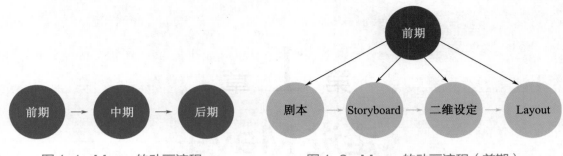

图1-1　Maya 的动画流程　　　　图1-2　Maya 的动画流程（前期）

Storyboard：故事版。有了剧本后根据剧本绘制一个 Storyboard 来大概描述故事的整个过程。这一步是把故事从文字转变成图画的过程。

Layout：分镜表。Layout 属于动画专用名词，指根据导演（或者其他人）所画的分镜表画出来的"设计图"，原画要根据 Layout 来画。Layout 集成了分镜头的六要素：空间关系、镜头运动、镜头时间、分解动作、台词及文字说明，但是每一点都要做得更深入、更具体。

二维设定：根据导演或项目负责人要求来制作符合影片风格的角色、场景、道具、色彩指定等，通常是以二维图片的形式来完成的。

2. 中期

中期包括以下流程，如图 1-3 所示。

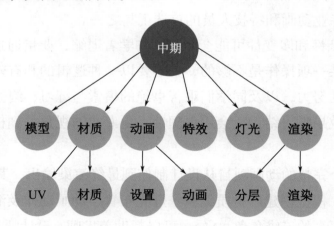

图1-3　Maya 的动画流程（中期）

前期工作完毕后项目进入中期，中期主要是在软件上把剧本中各种想法制作出来的过程，整个过程需要严格参照前期的各种风格和设定，才能保证影片制作出来是之前我们想象的样子。项目负责人会在这个环节严加要求，尽最大努力来保证一切都是按照前期的设定来走的。整个中期制作基本上分为模型、材质、动画、特效、灯光和渲染模块。

3. 后期

后期包括以下流程，如图 1-4 所示。

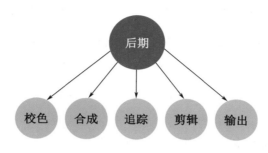

图 1-4　Maya 的动画流程（后期）

此时中期制作已经基本完成，或者部分镜头已经渲染完成，可以进入后期的工作流程。后期主要是在专业的后期软件中进行制作的，如 Digital、Fustion、Premiere、After Effects 等软件。

可以看到，整个动画制作流程复杂而有条理，有些流程是要等上一个流程制作完毕后才能开始，有些则是可以并行的，这一切都是为了能最大化地提升中期制作的效率而采取的，并非无的放矢，所以有关制作的规定任何人都要严格遵守，养成好的制作习惯。

近年来也有一些大公司积极对动画流程进行不同程度的优化和改进，流程根据不同的公司、不同的项目都会有小幅度的改变，最终越来越合理和高效。

通过对本章的学习，将学到以下内容。

① 了解 Maya 的操作界面。

② 能够掌握 Maya 的基本操作。

任务　Maya 的基本操作

本任务讲解 Maya 的基本操作，包括视图操作、选择操作、对象变换操作等，只要熟练掌握这些操作，就可以为制作复杂的场景打下坚实的基础。

 任务分析

1. 制作分析

● 使用选择、移动、旋转、缩放工具可以选择、移动、旋转、缩放对象。

● 使用【4】、【5】、【6】、【7】键分别产生不同的显示模式。

● 大纲视图的应用。

● Maya 视图操作。

2. 工具分析

- 单击工具箱中的 ，单击对象表面进行选择。
- 单击工具箱中的 ，在视图中选中对象，可以使对象分别沿 X、Y、Z 轴进行移动。
- 单击工具箱中的 ，在视图中选中对象，可以使对象分别沿 X、Y、Z 轴进行旋转。
- 单击工具箱中的 ，在视图中选中对象，可以使对象分别沿 X、Y、Z 轴进行缩放。
- 选择【Window（窗口）】→【Outliner（大纲）】命令，打开 Maya 中【Outliner（大纲）】窗口。
- 按住【Alt】键和鼠标中键，对视图进行转换。
- 选择【Edit（编辑）】→【Duplicate（复制）】命令对对象进行复制。

3. 通过本任务的制作，要求掌握以下内容

- 学会使用选择、移动、旋转、缩放工具。
- 大纲视图。
- 坐标系问题。
- 对视图进行操作。

 任务实施

1. 选择对象

（1）在场景中建立一个对象。建立的对象如图 1-5 所示。

（2）在对象上单击或按住鼠标左键框选，可以快速地选择对象；被选择的对象以高亮的白色显示（最后选择的对象以高亮的绿色显示）。选择对象如图 1-6 所示。

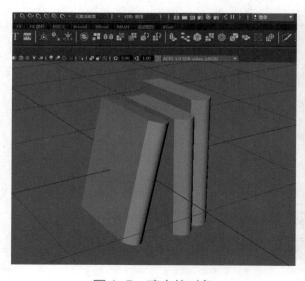

图 1-5 建立的对象

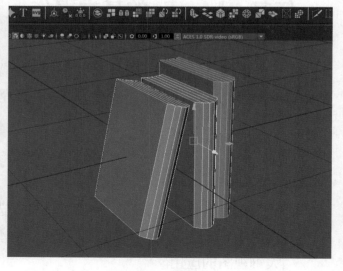

图 1-6 选择对象

（3）通过观察图 1-6 可以发现，这个模型并不是一体的，而是由三个独立的物体（左侧、

中间和右侧三个不同的物体）拼合而成的。当场景中有较多的物体时，可以通过选择菜单栏中的【Window（窗口）】→【Outliner（大纲）】命令，打开 Maya 中专门的管理器【Outliner（大纲）】窗口，这便于用户观察和整理场景。

（4）打开【Outliner】窗口，如图 1-7（a）所示，其中包含当前场景中的所有项目。单击【group1】组前面的小加号，将【group1】组展开，可以看到场景中所有的模型列表，如图 1-7（b）所示。

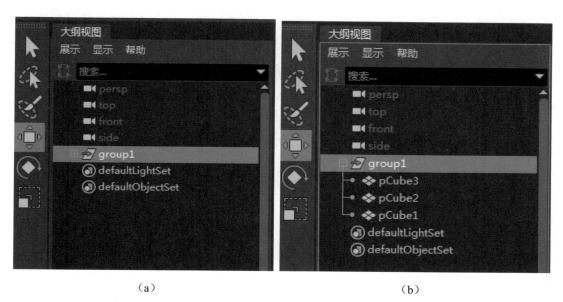

（a）   （b）

图 1-7 【Outliner】窗口

2. 对象变换操作

在【Outliner】窗口中选中【pCube3】，然后在 Maya 视窗左边的工具箱中分别单击 ▦、◈、▣ 按钮，可以对模型进行移动（快捷键是 W）、旋转（快捷键是 E）、缩放（快捷键是 R）的操作。

提到模型在三维场景中的移动，就会牵扯到三维动画软件中的坐标系问题，下面简单介绍一下 Maya 中的坐标系。

在 Maya 中有 3 个坐标轴，分别为 X 轴、Y 轴和 Z 轴。当用户选中场景中的某个模型，使用移动工具时，会看到 Maya 操作视窗中的模型中心位置会出现一个方向轴。此方向轴就是移动操作轴向坐标 。在默认模式下，它的朝向是与 Maya 操作视图左下方的轴向坐标的方向一致的，都是以 Y 轴为上方向轴的世界坐标朝向，蓝色轴向代表 Z 轴，红色轴向代表 X 轴。方向轴如图 1-8 所示。

用鼠标左键选中其中一个轴向控制柄，拖曳鼠标可以移动物体，被激活的方向轴轴向控制柄将会显示为黄色。也可以用鼠标左键按住 3 个方向轴的中心位置，对模型进行三方向移动。旋转和缩放的操作方式与此类似。

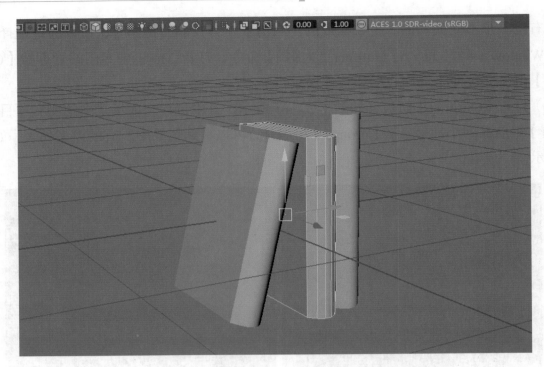

图 1-8　方向轴

3．视图操作

按住【Alt】键和鼠标左键可以旋转视图，此操作只可用于摄影机与透视图；按住【Alt】键和鼠标中键可以移动视图，通过这种方法可以平移视图，以达到变换场景的目的。

◎小贴士 ⋯⋯⋯⋯⋯⋯⋯⋯⋯⋯⋯⋯⋯⋯⋯⋯⋯⋯⋯⋯⋯⋯⋯⋯⋯⋯⋯⋯⋯⋯⋯⋯⋯⋯

　　这是一种既实用也十分有趣的操作，通过按住【Alt】键和鼠标右键可以推拉视图，从而使场景中的物体放大或者缩小，能够很好地观察场景全局或者局部细节。

按住【Alt+Ctrl】组合键，再单击可以对场景进行局部放大。当按住该组合键后，可以在视图中框选相应的区域将其放大。

4．从其他视图观看场景

除了用 Maya 提供的默认的透视图观看场景，还可以在其他视图中进行观看。

在 Maya 视窗选择栏中选择▣（透视图）和▦（四视图），在透视图和四视图之间切换；也可以快速按【Space】键来切换视图。除透视图之外，其他 3 个视图均为正交视图，类似于工业设计中的三视图，这 3 个视图是没有透视的。四视图如图 1-9 所示。

Maya 的操作非常灵活，将鼠标光标放在一个视图与另一个视图之间的接缝处，按住鼠标左键拖曳，可以改变视图的大小比例。缩放视图布局如图 1-10 所示。

在视窗选择栏里还有更多的视图布局可供选择，读者可以自行尝试。

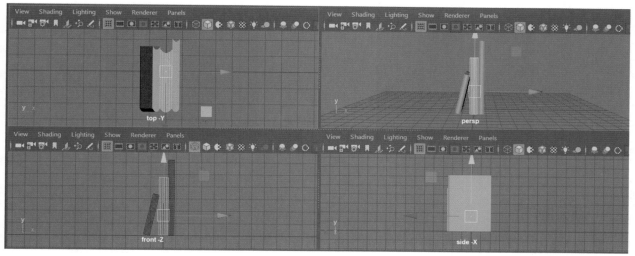

图 1-9　四视图

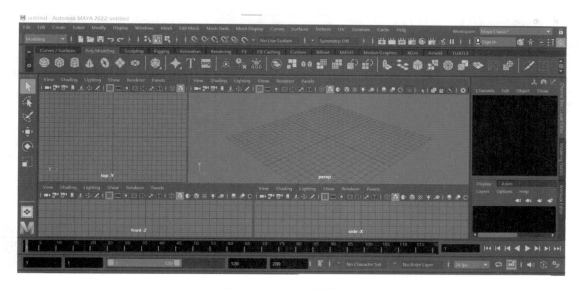

图 1-10　缩放视图布局

5. 切换场景中对象的显示模式

为了方便操作和观看，按【4】、【5】、【6】、【7】键可以分别以不同方式显示模型。按【4】键为线框模式，如图 1-11 所示；按【5】键为实体模式，如图 1-12 所示；按【6】键为材质模式，如图 1-13 所示；按【7】键为灯光模式，如图 1-14 所示。

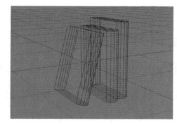

图 1-11　线框模式

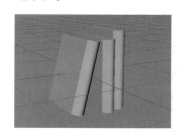

图 1-12　实体模式

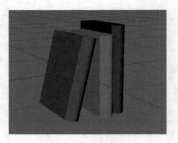

图 1-13　材质模式

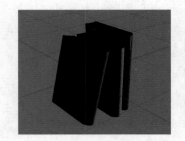

图 1-14　灯光模式

　新知解析

双击 Maya 启动图标后，打开 Maya 2022 的操作界面，如图 1-15 所示。

图 1-15　Maya 2022 的操作界面

1．菜单栏

Maya 菜单栏内包含有【File（文件）】、【Edit（编辑）】、【Create（创建）】、【Select（选择）】、【Modify（修改）】、【Display（显示）】、【Windows（窗口）】7 个公用菜单，其他菜单会根据状态栏内选择模块的不同而产生专用的菜单。

2．状态行

在状态行中可以切换不同的功能模块，状态行最前面的下拉菜单就可以用来切换不同的模块。这五大模块分别是【Modeling（建模模块）】、【Rigging（装备模块）】、【Animation（动画模块）】、Fx【Rendering（渲染模块）】和【Customize（自定义...）】。里面还有一些常用命令的快捷按钮和工具，这些按钮和工具被分组放置，通过单击状态行中的箭头可以展开或折叠这些组。状态行如图 1-16 所示。

图 1-16　状态行

3. 工具箱

界面的最左侧即为工具箱，工具箱的上半部分放置了选择、移动、旋转、缩放工具，以及最近一次选择的工具，下半部分放置了几个常用的视图布局，单击这些按钮可快速切换到定义好的布局，也可以自定义布局。

4. 工具架

状态行的下面即为工具架，Maya 把各个模块的主要命令以图标的形式分门别类地放置在工具架中，可通过直接单击这些图标来执行这些命令，还可以依据个人的工作习惯来自定义工具架，通过单击工具架上不同的选项卡可切换不同的菜单图标。工具架如图 1-17 所示。

图 1-17　工具架

5. 时间控制区与命令行

范围滑块控制时间滑块的范围，并可以对动画有关的一些属性进行设置。时间滑块用于在制作动画时控制时间，左侧大部分是显示帧数的时间滑块，用鼠标在上面拖曳可达到相应的时间点，右侧是播放控件。命令行中主要包含有命令输入、命令结果、命令显示区等相应控制参数。时间控制区与命令行如图 1-18 所示。

图 1-18　时间控制区与命令行

6. 通道盒和层编辑器

通道盒用来集中显示物体最常用的各种属性集合，如物体的长宽高、空间坐标、旋转角度等，不同类型的物体具有不同的属性。如果对物体添加了修改器或者编辑命令，那么在这里还可以找到相应的参数并可以对其进行调整。通道盒如图 1-19 所示。

在通道盒的下方就是层编辑器，其功能主要是对场景中的物体进行分组管理，当复杂场景中有大量物体的时候，可以自定义将一些物体放置在一个图层内，然后通过对图层的操作来控制这些物体的显示、隐藏、冻结等。层编辑器如图 1-20 所示。

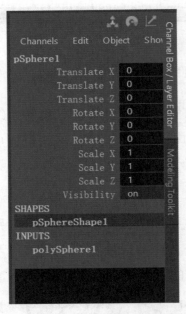

图 1-19　通道盒

图 1-20　层编辑器

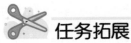 任务拓展

1. 制作生物 DNA 链造型

（1）执行菜单栏中的【Create（创建）】→【NURBS Primitives（NURBS 基本体）】→【Sphere（球体）】命令，在视图中创建 NURBS 球体。

（3）单击状态行右侧的 图标，显示出【Channel Objects（通道盒）】面板，在【INPUTS（输入）】面板下单击【makeNurbSphere1】节点信息，此时会显示出 NURBS 球体的历史构造信息，调整【Radius（半径）】参数值为 2。调整 NURBS 球体的半径如图 1-21 所示。

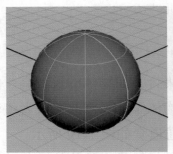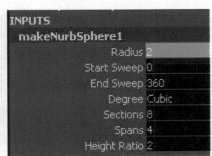

图 1-21　调整 NURBS 球体的半径

（3）选择 NURBS 球体对象，执行菜单栏中的【Edit（编辑）】→【Duplicate（复制）】命令，对 NURBS 球体对象进行复制。在【Channel Objects（通道盒）】面板中调整【Translate X（X 轴平移）】参数值为 10。

（4）将视图切换至【Side（侧）】视图，单击工具架中的【Canes/Surfaces（曲线/曲面）】

选项卡，并在下方单击，选择 NURBS 圆柱形，在视图中创建 NURBS 圆柱形曲面，对对象的位置和缩放比例进行调整。创建 NURBS 圆柱形曲面如图 1-22 所示。

（5）选择场景中所有的对象，执行菜单栏中的【Edit（编辑）】→【Group（分组）】命令，对所选择的对象进行分组操作。组层级关系的建立如图 1-23 所示。

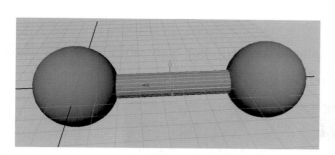

图 1-22　创建 NURBS 圆柱形曲面　　　　　图 1-23　组层级关系的建立

（6）在【Outliner（大纲视图）】中选择【group1】对象，按【Insert】键进入轴心点调整模式，使用移动工具将【group1】对象的轴心调整到中心位置，并再一次按【Insert】键返回对象操作模式。调整对象轴心如图 1-24 所示。

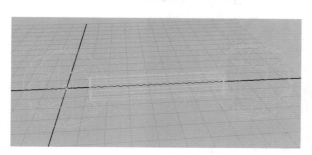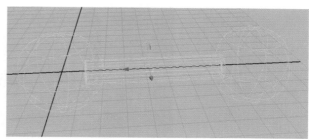

图 1-24　调整对象轴心

（7）单击菜单栏中的【Edit（编辑）】→【Duplicate Special（特殊复制）】命令右侧的 █ 按钮，打开【Duplicate Special Options（特殊复制选项）】窗口，调整【TranslateX（X 轴平移）】参数值为 5，【Rotate Y（Y 轴旋转）】参数值为 30，【Number of copies（副本数量）】参数值为 20，单击 █ Duplicate Special █ 按钮，完成复制操作。【Duplicate Special Options（特殊复制选项）】窗口如图 1-25 所示。

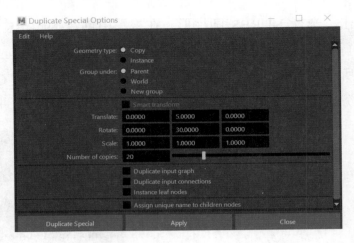

图 1-25　【Duplicate Special Options（特殊复制选项）】窗口

2. 镜像复制

（1）打开素材文件"project1/object_duplicate/scenes/Robot body.mb"，在本场景基础上学习关于对象镜像复制操作的知识。Robot body 场景如图 1-26 所示。

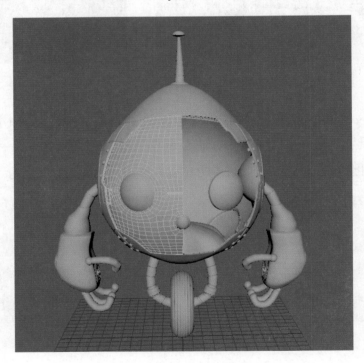

图 1-26　Robot body 场景

（2）单击状态行中的 按钮，打开【Channel Objects（通道盒）】面板，调整【Translate X（X 轴平移）】参数值为 0，将对象对齐到网格原点。

（3）按【Insert】键，进入轴心点调整模式。在【Top（顶）】视图中，按住【X】键的同时单击鼠标中键拖曳鼠标将轴心捕捉到网格的原点处，再次按【Insert】键返回对象操作模式。调整轴心点位置如图 1-27 所示。

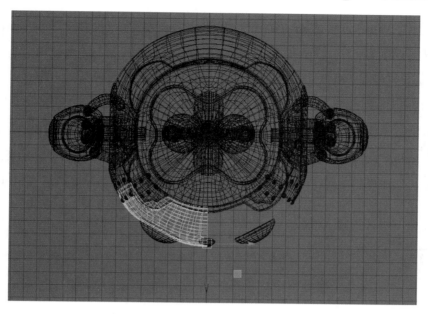

图 1-27 调整轴心点位置

（4）按【Ctrl+D】组合键对对象进行复制，保持新复制出的对象处于选中状态，在【Channel Objects（通道盒）】面板中设置【Scale Z（Z 轴缩放）】参数值为-1。镜像复制如图 1-28 所示。

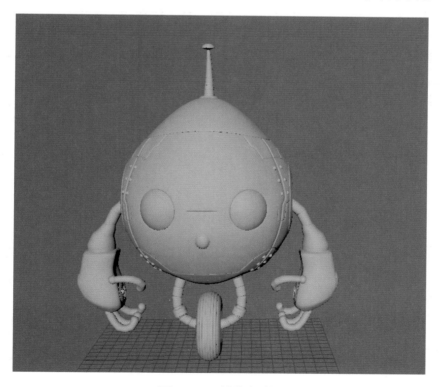

图 1-28 镜像复制

 任务总结

（1）在对象上单击或按住鼠标左键框选，可以快速地选择对象。

（2）通过使用【Window（窗口）】→【Outliner（大纲）】命令，打开 Maya 中专门的管理器【Outliner（大纲）】窗口，便于用户观察和整理场景。

（3）使用【4】、【5】、【6】、【7】键分别产生不同的显示模式。

（4）Maya 的灵活视图操作。

（5）使用【Edit（编辑）】→【Group（分组）】命令可以对对象进行分组操作。

（6）使用【Insert】键进入轴心点调整模式，在特殊复制前必须进行调整。

（7）使用【Edit（编辑）】→【Duplicate Special（特殊复制）】命令可以进行复杂的复制操作。

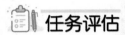 任务评估

任务　评估表

	任务　评估细则	自评	教师评价
1	选择对象		
2	对象变换操作		
3	视图操作		
4	从其他视图观看场景		
5	切换场景中对象的显示模式		
任务综合评估			

第 2 章
NURBS 建模

工业领域用来创造流线型的平滑表面，如花瓶的外壁等，在 Maya 里面采用 NURBS 来完成曲线的制作，NURBS 是非均匀有理数 B 样条线（Non Uniform Rationd B-Splines）的简称，是对曲线和曲面的一种数字描述。同 Maya 中的其他建模手段相比较，NURBS 更合适于创造流线型的平滑表面，主要用于工业造型表面和无缝模型的制作。同时，Maya 还提供了在 NURBS、多边形和细分曲面之间进行转化的命令，这样制作者可以根据制作需要灵活地选择模型创建手段。通过学习，可以利用 NURBS 制作精美的模型，如图 2-1 所示。

图 2-1　利用 NURBS 制作精美的模型

通过对本章的学习，将学到以下内容。

① 了解 NURBS 的核心概念。

② 能够创建、编辑曲线。

③ 能够建立 NURBS 截面图。

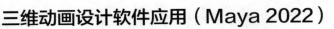

④ 能够利用 NURBS 建模方式进行模型的制作。

任务1 使用旋转命令制作苹果

在各类 3D 电影中，三维建模师们需要设计许许多多的布景、道具等。这些三维的模型很多都可以使用 NURBS 建模来完成，如水果、酒瓶、汽车轮胎等。使用【Revolve（旋转）】命令制作的苹果如图 2-2 所示。

图 2-2 使用【Revolve（旋转）】命令制作的苹果

任务分析

1. 制作分析

- 使用【Revolve（旋转）】命令完成的 NURBS 曲面需要有一个旋转中心轴。
- 使用【Revolve（旋转）】命令完成的 NURBS 曲面需要有一个封闭或半封闭的剖切面。

2. 工具分析

- 使用【Create（创建）】→【Curve Tools（曲线工具）】→【CV Curve Tool（CV 曲线工具）】命令，通过 CV 曲线在视图中绘制封闭或半封闭的剖切面。
- 使用【Control Vertex（控制点）】元素级别，对 CV 点的位置进行调整以修改曲线形态。
- 使用【Surfaces（曲面）】→【Revolve（旋转）】命令，对曲线进行旋转操作生成 NURBS 曲面。

3. 通过本任务的制作，要求掌握以下内容

- 使用【Revolve（旋转）】命令可以制作旋转成型的 NURBS 曲面。
- 学习【Revolve（旋转）】命令制作 NURBS 曲面的方法和步骤。

● 通过拓展练习能够使用【Revolve（旋转）】命令制作自己创意的 NURBS 曲面。

 任务实施

具体操作步骤如下。

（1）创建项目目录。执行【File（文件）】→【Project Window（项目窗口）】命令，打开【Project Window（项目窗口）】属性窗口，单击【New（新建）】按钮，在窗口中指定项目名称和位置，单击【Accept（接受）】按钮完成项目目录的创建，如图 2-3 所示。

（2）复制参照图片。将 "apple/sourceimages/applemap.jpg" 文件复制到新建项目目录下的 sourceimages 文件夹下。

（3）打开背景图像。将视图切换至【Front（前）】视图，执行视图菜单栏中的【View（视图）】→【Camera Attribute Editor（摄影机属性编辑器）】命令，在弹出的编辑面板中单击【Environment（环境）】选项栏下的【Create（创建）】按钮，在【Image Plane Attributes（图像平面属性）】面板中单击【Image Name（图像名称）】右侧的█按钮，在【Open（打开）】对话框中选择 "cupmap.jpg" 文件，如图 2-4 所示。

图 2-3　创建项目目录

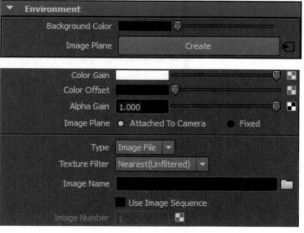

图 2-4　打开背景图像

（4）设置背景图像位置。选择背景图像平面，在【Placement Extras（放置附加选项）】面板中调整【Image Center（图像中心）】Z 轴的参数值为-10，使其位于【Front（前）】视图网格的后方，如图 2-5 所示。

（5）调整背景图像的亮度。选择背景图像平面，在属性编辑器的【Image Plane Attributes（图像平面）】面板中调整【Color Gain（颜色增益）】选项，降低背景图像的亮度，如图 2-6 所示。

三维动画设计软件应用（Maya 2022）

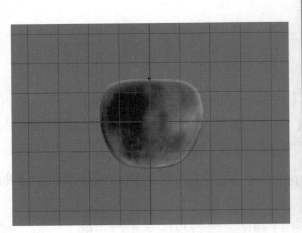 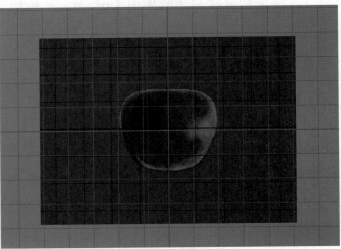

图 2-5 设置背景图像位置　　　　　　　　　图 2-6 调整背景图像的亮度

（6）绘制 EP 曲线。将视图切换到【Front（前）】视图，执行【Create（创建）】→【Curve Tools（曲线工具）】→【EP Curve Tool（EP 曲线工具）】命令，在视图中绘制 EP 曲线，如图 2-7 所示。

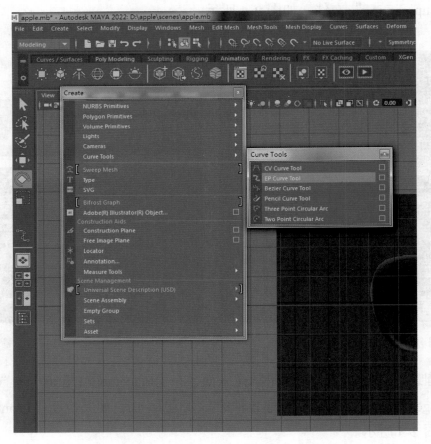

图 2-7 绘制 EP 曲线

（7）调整 EP 曲线。按【F8】键，进入【Control Vertex（控制顶点）】元素级别，对 EP 点的位置进行调整以修改曲线形态，如图 2-8 所示。

（8）调整 EP 点。在【Front】视图中选择靠近中轴的 EP 点，按【X】键进行移动，将其捕捉到网格上，然后沿 Y 轴移动至合适的位置，如图 2-9 所示。

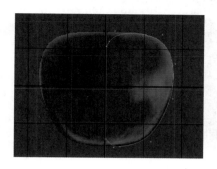

图 2-8　调整 EP 曲线

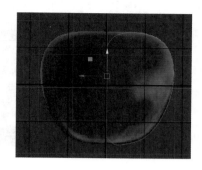

图 2-9　调整 EP 点

（9）使用 Revolve（旋转）命令生成 NURBS 曲面。按【F8】键返回曲线对象级别，单击菜单栏中的【Surfaces（曲面）】→【Revolve（旋转）】命令右侧的 ▢ 按钮，在【Revolve Options（旋转选项）】属性窗口（如图 2-10 所示）中设置【Axis preset（轴向方向）】为 Y 轴，对曲线进行旋转操作生成 NURBS 曲面，如图 2-11 所示。

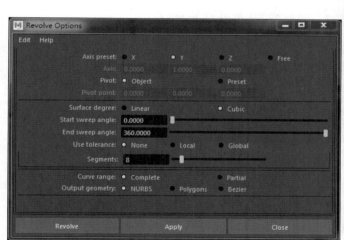

图 2-10　【Revolve Options（旋转选项）】
属性窗口

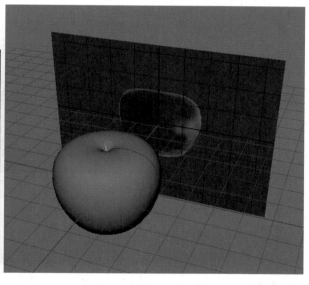

图 2-11　使用 Revolve（旋转）命令生成
NURBS 曲面

新知解析

1. 创建曲线工具

曲线是创建 NURBS 模型极为重要的工具。要创建一个曲面，通常从构造曲线入手，然后对其进行合并和操纵。因此理解曲线是学习 NURBS 建模的基础，曲线的基本元素示意图如图 2-12 所示。

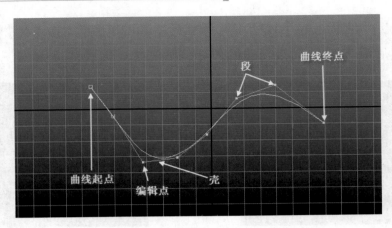

图 2-12　曲线的基本元素示意图

（1）CV Curve Tool（CV 曲线工具）。

CV 点即可控点，可以操纵其改变曲线的形状，这些控制点并不在曲线上。执行【Create（创建）】→【Curve Tools（曲线工具）】→【CV Curve Tool（CV 曲线工具）】命令，然后单击工作区来创建曲线。创建 CV 曲线时，注意曲线的颜色，如果是白色，那么说明所创建的 CV 可以形成曲线了。创建 CV 曲线如图 2-13 所示。

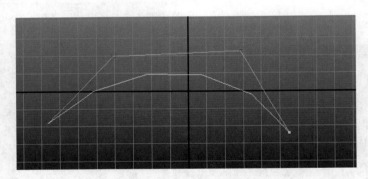

图 2-13　创建 CV 曲线

（2）EP Curve Tool（EP 曲线工具）。

EP 点即曲线编辑点，可以操纵曲线点改变曲线的形状，这些控制点就是曲线上的点。执行【Create（创建）】→【Curve Tools（曲线工具）】→【EP Curve Tool（EP 曲线工具）】命令，然后单击工作区来创建曲线。创建 EP 曲线如图 2-14 所示。

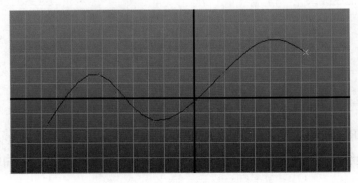

图 2-14　创建 EP 曲线

2. 编辑曲线

（1）Attach（附加）。

使用该命令可以将选定的两条曲线合并为一条曲线。合并曲线如图 2-15 所示。

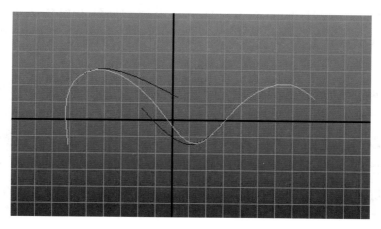

图 2-15　合并曲线

单击【Attach（附加）】命令右侧的□按钮，可以打开其属性窗口。【Attach Curves Options（合并曲线选项）】属性窗口如图 2-16 所示。

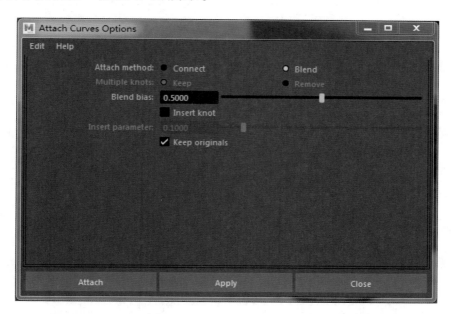

图 2-16　【Attach Curves Options（合并曲线选项）】属性窗口

其属性如下。

① Attach method（附加方法）：包括【Connect（连接）】和【Blend（融合）】两种方式。

● Connect：在接点处使用最小的曲率平滑度连接曲线。

● Blend：在接点处根据【Blend bias（融合偏移）】的数值设定连接的平滑程度。

② Multiple knots（多个节）：在接点处创建多个节，这样可以在接点处使用不连续的

曲率。

③ Blend bias（融合偏移）：使用该项调节连接曲线的连续性。

④ Insert knot（插入节）：勾选该复选框将会在连接点附近创建两个新的节。它与【Insert parameter（插入参数）】共同作用时才可以使混合区域与原线匹配得更加紧密。

⑤ Insert parameter（插入参数）：当【Insert knot（插入节）】开启时可以调整新添加节的位置。

⑥ Keep originals（保持原始）：在创建新的连接曲线后，保留原始曲线。

（2）Detach（分离）。

使用该命令可以将一条曲线分离为两条曲线或断开封闭的曲线，其操作如下。

① 在已有的曲线上单击鼠标右键，在弹出的快捷菜单中执行【Curve Point（曲线点）】命令，将曲线设置为曲线点模式，然后单击曲线，选择曲线的任意一点。设置曲线模式如图 2-17 所示。

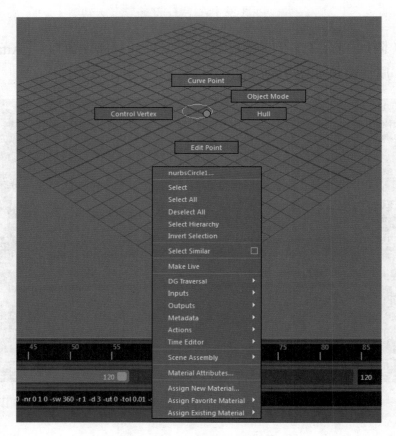

图 2-17　设置曲线模式

② 执行【Curve（曲线）】→【Detach（分离）】命令，分离曲线。

（3）Align（对齐）。

使用该命令可以将两条曲线的起点或结束点对齐,对齐前如图 2-18 所示,对齐后如图 2-19 所示。

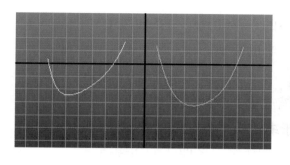

图 2-18 对齐前

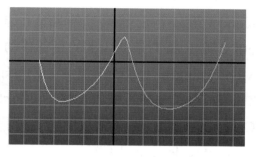

图 2-19 对齐后

单击【Align（对齐）】命令右侧的 ▢ 按钮，打开其属性窗口。【Align Curves Options（对齐曲线选项）】属性窗口如图 2-20 所示。

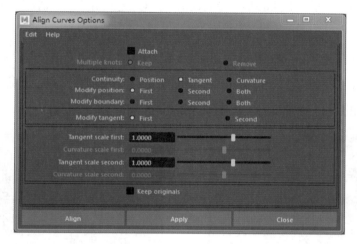

图 2-20 【Align Curves Options（对齐曲线选项）】属性窗口

① Attach（附加）：用于将两条曲线连接为一条曲线。

② Multiple knots（多个节）：与【Attach（连接）】配合起作用。

● Keep（保持）：在连接区域创建多个节。

● Remove（移除）：在不改变连接区域形状的前提下删除尽可能多的节点。

③ Continuity（连续性）：控制曲线的连续性。

● Position（位置）：保证两个点的严密结合。

● Tangent（切线）：可以保证两个点的切线相互配合。

● Curvature（曲率）：保证结合点有相同的曲率。

④ Modify position（修改位置）：用于修改对齐后曲线的位置。

● First（第一个）：将第一条曲线全部移动到第二条曲线上。

● Second（第二个）：将第二条曲线全部移动到第一条曲线上。

● Both（都）：将两条曲线各移动一半的距离。

⑤ Modify boundary（修改边界）：用于修改对齐后曲线边界的位置。

● First（第一个）：将第一条曲线上选中的点移动到第二条曲线上。

● Second（第二个）：将第二条曲线上选中的点移动到第一条曲线上。

● Both（都）：将两条曲线上的点各移动一半的距离。

⑥ Modify tangent（修改切线）：用于修改第一条或第二条曲线的切线。

⑦ Tangent scale first（缩放切线）：用于缩放第一条曲线的切线值。

⑧ Curvature scale first（缩放曲率）：用于缩放第一条曲线的曲率。

⑨ Tangent scale second（缩放切线）：用于缩放第二条曲线的切线值。

⑩ Curvature scale second（缩放曲率）：用于缩放第二条曲线的曲率。

⑪ Keep originals（保持原始）：用于保留原始曲线。

（4）Add Point Tool（添加点工具）。

该命令用于为已创建完成的曲线继续添加点，以达到精确控制曲线的目的，其操作方法如下。

① 创建一条曲线并选择。创建曲线如图 2-21 所示。

② 执行【Curves（曲线）】→【Add Points Tool（添加点工具）】命令，然后在工作区中单击任意位置添加新的点。添加新点如图 2-22 所示。

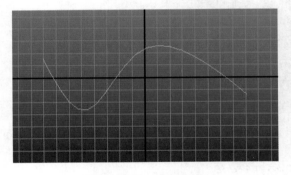

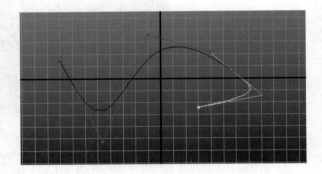

图 2-21　创建曲线　　　　　　　　　　图 2-22　添加新点

③ 按鼠标中键可以转换为移动工具，对点进行移动。移动点如图 2-23 所示。

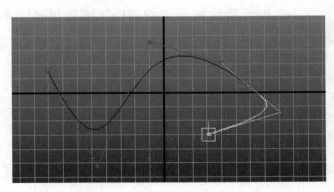

图 2-23　移动点

3. Revolve（旋转）

该命令可以将一个轮廓线绕一个轴旋转而生成一个曲面。单击【Revolve（旋转）】命令

右侧的 ▢ 按钮，打开其属性窗口。【Revolve Options（旋转选项）】属性窗口如图 2-25 所示。

（1）Axis preset（轴预设）：设置旋转的轴，默认为 Y 轴。曲线按不同轴旋转的效果如图 2-26 所示。

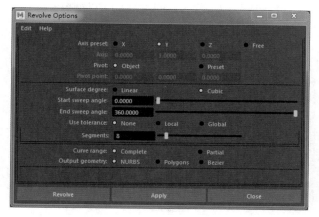

图 2-25 【Revolve Options（旋转选项）】
属性窗口

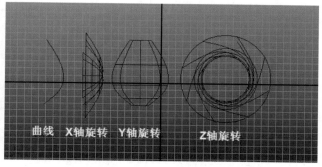

图 2-26 曲线按不同轴旋转的效果

（2）Axis（轴）：输入数值来控制旋转的预置轴。

（3）Pivot（枢轴）：控制旋转中心的枢轴位置。

● Object（对象）：旋转操作将使用默认的枢轴位置。

● Preset（预设）：通过输入 X、Y、Z 的数值来控制位置。

（4）Pivot point（枢轴点）：在此输入预设值来确定枢轴位置。【Pivot（枢轴）】设置为【Preset（预设）】模式时才有效。

（5）Curve range（曲线范围）：控制曲线被旋转的范围。

● Complete（完成）：将按照完整的曲线生成全面的曲面。

● Partial（部分）：将生成一个子曲线，缩短子曲线的长度将会缩短旋转曲面的长度。

（6）Output geometry（输出几何体）：将生成几何体的形态，可以选择生成 NURBS、Polygons、Bezier 3 种曲面类型。

 任务拓展

使用【Revolve（旋转）】命令创建一个盘子。盘子效果如图 2-27 所示。

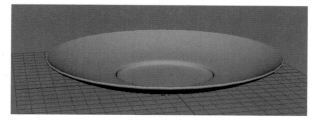

图 2-27 盘子效果

具体操作步骤如下。

（1）打开 Maya 2022，在【Front（前）】视图中创建盘子的剖面图。盘子剖面图如图 2-28 所示。

（2）单击菜单栏中的【Surfaces（曲面）】→【Revolve（旋转）】命令右侧的■按钮，打开其属性窗口，设置旋转属性，选择旋转轴为 Y 轴，对曲线进行旋转操作生成 NURBS 曲面。【Revolve Options（旋转选项）】属性窗口如图 2-29 所示。

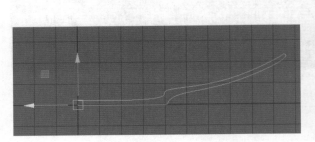

图 2-28　盘子剖面图

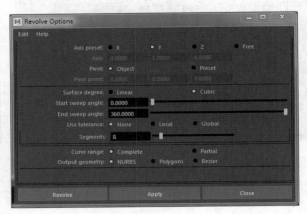

图 2-29　【Revolve Options（旋转选项）】属性窗口

 任务总结

（1）使用【Revolve（旋转）】命令可以将一条轮廓线绕一条轴旋转而创建一个曲面。

（2）存在两个靠近中轴的 CV 点，在制作时应该分别进行网格捕捉，使其处于同一条垂直轴上。

（3）轴心点应该是整个模型的中心而不是剖面的中心。

（4）在制作某些模型时要选择曲线并按【Insert】键，进入轴心点调整模式，使用移动工具对轴心点的位置进行调整，并按【Insert】键返回对象模式。

（5）在对曲线形状进行修改的过程中，如果要使曲线对称位置的 CV 点向中心靠拢或远离，那么可以使用缩放工具进行操作，这样可以得到比较对称的形状。

 任务评估

任务 1　评估表

任务 1　评估细则		自评	教师评价
1	曲线工具的使用		
2	曲线的编辑		
3	曲线的旋转		
4	轴心点的移动		
5	旋转的属性设置		
任务综合评估			

任务2　使用放样命令制作罗马柱

使用【Loft（放样）】命令制作罗马柱。罗马柱效果如图 2-30 所示。

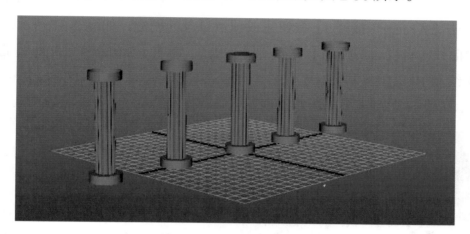

图 2-30　罗马柱效果

 任务分析

1. 制作分析

● 使用【Loft（放样）】命令完成的 NURBS 曲面需要有多个截面轮廓线。

● 使用【Loft（放样）】命令构建曲面时，参与放样的曲线最好具有相同的段数，这样才能得到比较平滑的曲面形状。

2. 工具分析

● 使用【Create（创建）】→【Curve Tools（曲线工具）】→【CV Curve Tool（CV 曲线工具）】命令在视图中绘制 CV 曲线来完成封闭的横截面的创建。

● 使用【Curve（曲线）】→【Rebuild（重建）】命令调整段数值，对曲线进行重建。

● 使用【Surfaces（曲面）】→【Loft（放样）】命令，对曲线进行【Linear（线性）】方式放样操作。

3. 通过本任务的制作，要求掌握以下内容

● 学会使用【Loft（放样）】命令制作放样成型的 NURBS 曲面。

● 学会使用【Loft（放样）】命令制作放样成型的 NURBS 曲面的步骤。

● 能够运用【Planar（平面）】命令进行平面成型操作。

● 通过拓展练习能够使用【Loft（放样）】命令制作自己创意的 NURBS 曲面。

 任务实施

具体操作步骤如下。

（1）创建项目目录。执行【File（文件）】→【Project Window（项目窗口）】命令，打开【Project Window（项目窗口）】属性窗口，单击【New（新建）】按钮，在窗口中指定项目名称和位置，单击【Accept（接受）】按钮完成项目目录的创建，如图2-31所示。

（2）创建曲线。将视图切换到【Top（顶）】视图，单击【Surfaces（曲面）】选项卡下的○按钮在视图中绘制NURBS圆形曲线。执行【Display（显示）】→【NURBS】→【CVs（控制点）】命令显示曲线的CV点，如图2-32所示。

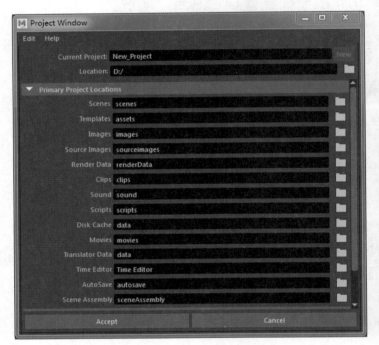

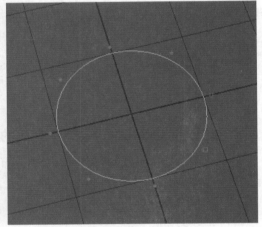

图2-31　创建项目目录　　　　　　　　图2-32　创建曲线

（3）重建曲线。保持圆形在选择状态下，单击菜单【Curve（曲线）】→【Rebuild（重建）】命令右侧的■按钮，打开【Rebuild Curve Options（重建曲线选项）】，在【Rebuild type（重建类型）】选项中选择【Uniform（一致）】方式，并调整【Number of spans（跨度数）】为30，单击 Rebuild 按钮对曲线进行重建，如图2-33所示。

说　明

使用【Loft（放样）】命令生成曲面时，参与放样的曲线应具有相同的段数，才会生成平滑的曲面；如果不相同，则可能无法生成曲面。

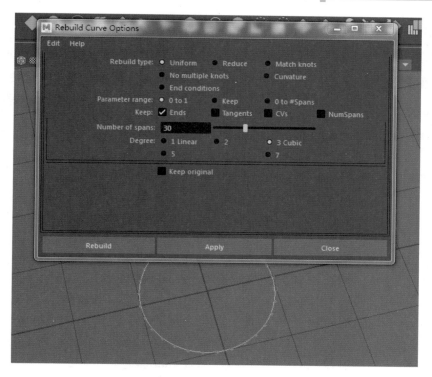

图 2-33　重建曲线

（4）复制调整曲线。选择曲线并按【Ctrl+D】组合键，对曲线进行复制，使用移动工具和缩放工具进行调整，如图 2-34 所示。

（5）调整 CV 点。选择直径小的圆形，按【F8】键进入曲线点级别，按【Shift】键对 CV 点进行隔点选择并缩放，使所选点向中心靠拢，如图 2-35 所示。

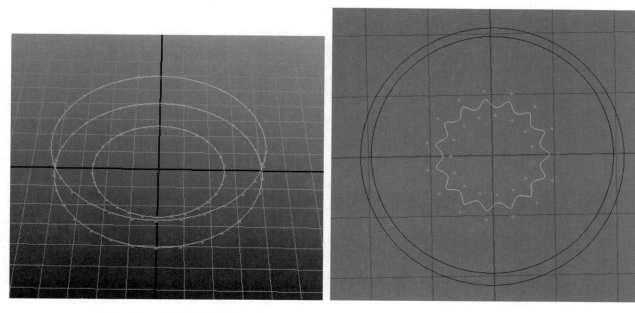

图 2-34　复制调整曲线　　　　　　　　　图 2-35　调整 CV 点

（6）复制曲线。选择【Front（前）】视图，选择所有的曲线按【F8】键进入对象级别并复制，对复制出的曲线进行移动调整，如图 2-36 所示。

（7）按【Shift】键按顺序依次选择曲线，单击菜单栏中的【Surfaces（曲面）】→【Loft（放样）】命令右侧的□按钮，在【Loft Options（放样选项）】属性窗口（如图 2-37 所示）中，设置【Surface degree（曲面次数）】为【Linear（线性）】，单击 Loft 按钮进行放样操作，生成的罗马柱体模型如图 2-38 所示。

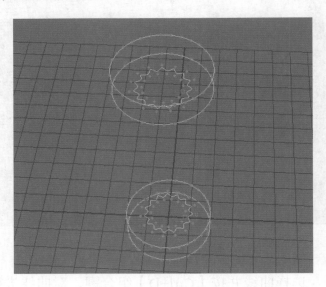

图 2-36　复制曲线

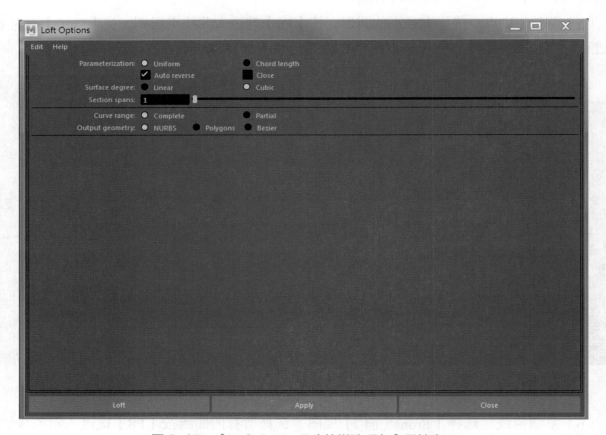

图 2-37　【Loft Options（放样选项）】属性窗口

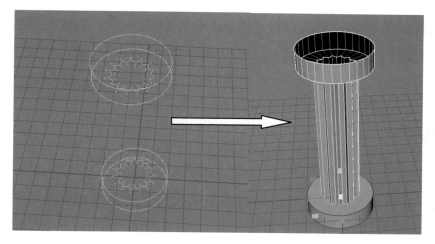

图 2-38　生成的罗马柱体模型

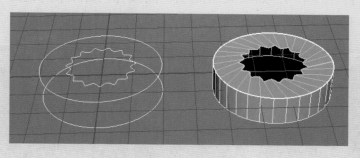

说　明

使用【Loft（放样）】命令生成曲面时，参与放样的曲线的起点位置应当保持相同的方向，否则可能会产生扭曲的曲面，如图 2-39 所示。

图 2-39　扭曲的曲面

（8）平面成型。在对象上单击鼠标右键，在弹出的标记菜单中选择【Isoparm（等参线）】元素级别，选择柱体顶端的结构线，执行【Surfaces（曲面）】→【Planar（平面）】命令进行平面成型操作，生成顶端平面，如图 2-40 所示。

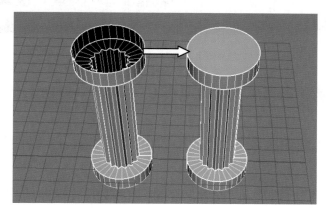

图 2-40　平面成型

（9）选择底部的等参线，再次执行【Planar（平面）】命令，生成底部的平面。

（10）选择生成的罗马柱体，按【Ctrl+D】组合键进行复制并进行相应的位置调整，形成罗马柱体阵列。

 新知解析

1. 曲线放样

【Loft（放样）】命令可以根据所绘制的多条曲线按照所选择的顺序两两依次生成多个曲面。单击【Loft（放样）】命令右侧的 ■ 按钮，打开【Loft Options（放样选项）】属性窗口，如图 2-41 所示。

（1）Parameterization（参数化）：设置放样曲面的参数。

● Uniform（一致）：可以保证轮廓曲线与 V 方向平行。

● Chord length（弦长）：生成的曲线在 U 方向上的参数值将根据轮廓线起点间的距离而定。

● Auto reverse（自动反转）：如果关闭此项，曲线保持原有的状态，可能会导致生成错误的曲面。

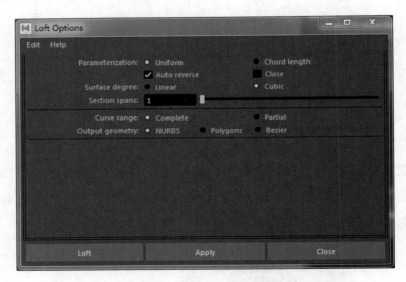

图 2-41　【Loft Options（放样选项）】属性窗口

● Close（关闭）：该项决定生成的曲面在 U 方向和 V 方向上是否是闭合的。闭合的应用如图 2-42 所示。

（2）Surface degree（曲面次数）：设置生成曲面是【Linear（线性）】样式还是【Cubic（立方）】样式。

（3）Section spans（截面跨度）：设置两条曲线生成的放样曲线之间的段数。

（4）Curve range（曲线范围）：可以设置为【Complete（完成）】和【Partial（部分）】，如

果设置为"部分"，可以使用数值来修改用以生成曲面的曲线范围。

（5）Output geometry（输出几何体）：设置所生成的曲面的几何体形态，可以是 NURBS、Polygons、Bezier 3 种类型。

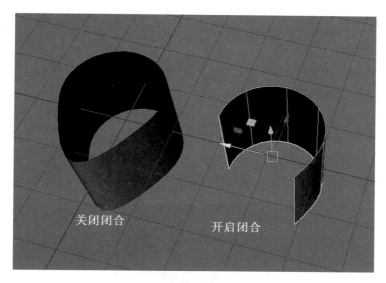

图 2-42　闭合的应用

2. Planar（平面）

该命令可以由一条或多条曲线生成一个修剪的平面，用于该操作的曲面必须是一条封闭曲线且处于同一个平面。单击【Planar（平面）】命令右侧的□按钮，打开【Planar Trim Surface Options（平面修剪曲面选项）】属性窗口，如图 2-43 所示。

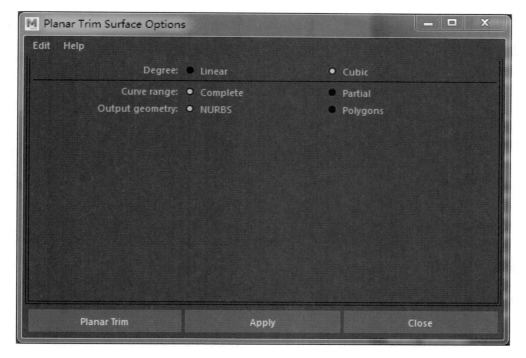

图 2-43　【Planar Trim Surface Options（平面修剪曲面选项）】属性窗口

（1）Degree（次数）：设置生成曲面是【Linear（线性）】样式还是【Cubic（立方）】样式。

（2）Curve range（曲线范围）。

● Complete（完成）：选择此项将按照完整的曲线生成全面的曲面。

● Partial（部分）：选择此项将生成一个子曲线，缩短子曲线的长度将会缩短旋转曲面的长度。

（3）Output geometry（输出几何体）：选择该项将生成几何体的形态，可以选择生成 NURBS、Polygons 2 种曲面类型。

任务拓展

使用【Loft（放样）】命令创建一个沙漏模型。沙漏模型效果如图 2-44 所示。

图 2-44　沙漏模型效果

具体操作步骤如下。

（1）打开 Maya 2022，在视图中创建沙漏的剖面图，调整剖面图，使之与沙漏的各部分相对应，调整时注意各视图的对照。创建并调整沙漏的剖面图如图 2-45 所示。

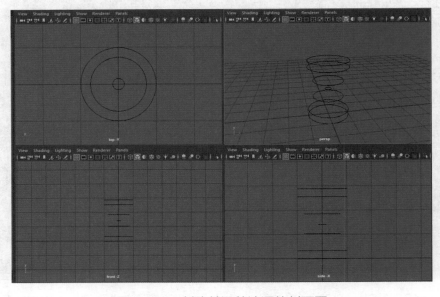

图 2-45　创建并调整沙漏的剖面图

（2）按住【Shift】键从上而下依次选择各剖面图，单击菜单栏中的【Surfaces（曲面）】
→【Loft（放样）】命令右侧的 按钮，在【Loft Options（放样选项）】属性窗口（如图 2-46
所示）中，设置【Surface degree（曲面次数）】为【Cubic（立方）】，单击 Loft 按钮进行
放样操作，产生沙漏模型。

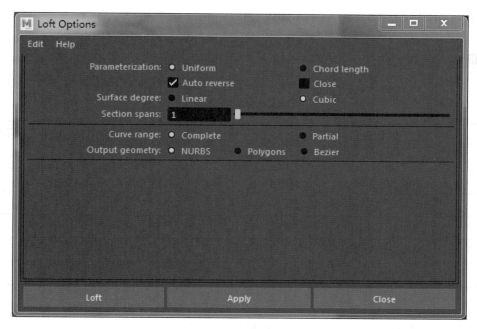

图 2-46 【Loft Options（放样选项）】属性窗口

（3）在对象上单击鼠标右键，在弹出的标记菜单中选择【Isoparm（参考线）】元素级别，
选择沙漏顶端的结构线，或者直接选择顶端的环状曲线执行【Surfaces（曲面）】→【Planar
（平面）】命令进行平面成型操作，生成顶端平面。平面成型如图 2-47 所示。

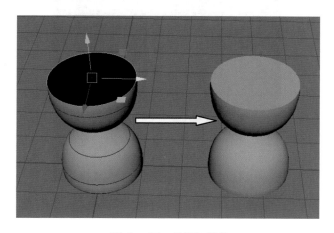

图 2-47 平面成型

 任务总结

（1）使用【Loft（放样）】命令可以构建经过多个轮廓线的曲面，使用【Loft（放样）】命

令完成的 NURBS 曲面需要有多个截面轮廓线。

（2）参与放样的曲线具有相同的段数才不至于使形状扭曲。

（3）选择曲线时要按照次序选择。

（4）【Planar（平面）】命令可以由一条或多条曲线生成一个修剪的平面，用于该操作的曲面必须是一条封闭曲线且处于同一个平面。

任务评估

任务 2　评估表

	任务 2　评估细则	自评	教师评价
1	曲线工具的使用		
2	效果图的制作		
3	【Loft（放样）】命令的理解		
4	【Planar（平面）】命令的理解		
5	任务的制作步骤		
任务综合评估			

任务 3　使用挤出命令制作茶杯

使用【Extrude（挤出）】命令制作茶杯模型。茶杯模型效果如图 2-48 所示。

图 2-48　茶杯模型效果

任务分析

1. 制作分析

● 使用【Revolve（旋转）】命令完成杯体与杯盖的制作。

- 使用【Extrude（挤出）】命令挤出茶杯的把手。
- 使用【Extrude（挤出）】命令可以将一个曲线图形沿一条曲线路径产生模型。

2. 工具分析

- 使用【Create（创建）】→【Curve Tool（曲线工具）】→【CV Curve Tool（CV 曲线工具）】命令在视图中绘制 CV 曲线来完成封闭的横截面的创建。
- 使用【Surfaces（曲面）】→【Revolve（旋转）】命令，对曲线进行旋转产生模型。
- 使用【Surfaces（曲面）】→【Extrude（挤出）】命令，进行茶杯把手的制作，制作时【Scale（缩放）】选项的设置会使模型产生逐渐缩小或放大的效果。

3. 通过本任务的制作，要求掌握以下内容

- 学会使用【Revolve（旋转）】命令制作放样成型的 NURBS 曲面。
- 学会使用【Extrude（挤出）】命令制作挤出成型的 NURBS 曲面的步骤。

 任务实施

具体操作步骤如下。

（1）执行【File（文件）】→【Project Window（项目窗口）】命令，打开【Project Window（项目窗口）】属性窗口，单击【New(新建)】按钮，在窗口中指定项目名称和位置，单击【Accept（接受）】按钮完成项目目录的创建，如图 2-49 所示。

图 2-49　【Project Window（项目窗口）】属性窗口

（2）将视图切换到【Front（前）】视图，执行【Create（创建）→【Curve Tools（曲线工具）】→【CV Curve Tool（CV 曲线工具）】命令，绘制杯身的轮廓曲线，如图 2-50 所示。

（3）选择绘制的曲线，执行【Surfaces（曲面）】→【Revolve（旋转）】命令，使曲线旋转 360 度，生成杯体模型，如图 2-51 所示。

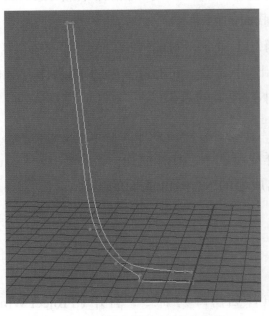

图 2-50　绘制杯身的轮廓曲线

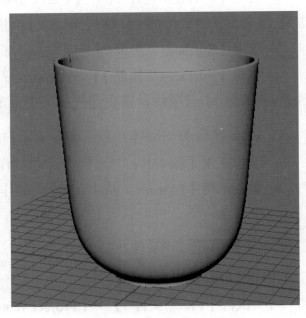

图 2-51　生成杯体模型

（4）执行【Create（创建）】→【Curve Tools（曲线工具）】→【CV Curve Tool（CV 曲线工具）】命令，绘制杯盖的轮廓曲线，如图 2-52 所示，执行【Surfaces（曲面）】→【Revolve（旋转）】命令，旋转产生杯盖模型。

（5）利用 CV 曲线工具在【Front（前）】视图中，绘制茶杯把手的曲线，如图 2-53 所示。

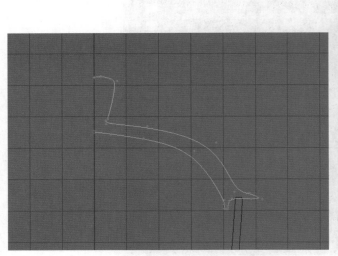

图 2-52　绘制杯盖的轮廓曲线

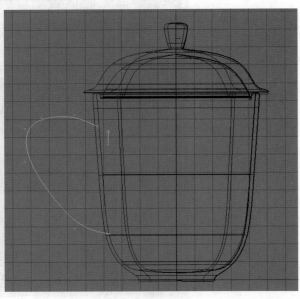

图 2-53　绘制茶杯把手的曲线

（6）选择【Side（侧）】视图，执行【Create（创建）】→【NURBS Primitives（NURBS 基本体）】→【Circle（圆形）】命令，创建圆形曲线，如图 2-54 所示。

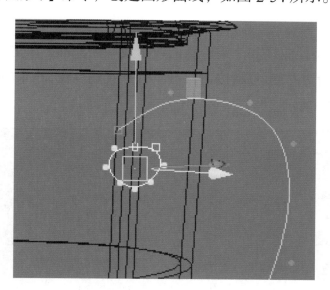

图 2-54　创建圆形曲线

（7）选择圆形曲线，再加选把手曲线，然后执行【Surfaces（曲面）】→【Extrude（挤出）】命令，在弹出的属性窗口中设置【Result position（结果位置）】为【At path（在路径处）】、【Pivot（枢轴）】为【Component（组件）】，然后单击【Apply（应用）】按钮完成操作，挤出的茶杯把手效果如图 2-55 所示。制作完成，茶杯模型效果如图 2-56 所示。

图 2-55　挤出的茶杯把手效果

图 2-56　茶杯模型效果

1. Extrude（挤出）

该命令可以由一条路径曲线和一条轮廓曲线生成一个曲面。单击菜单【Surfaces（曲面）】
→【Extrude（挤出）】命令右侧的□按钮，可以打开其属性窗口。【Extrude Options（挤出选项）】属性窗口如图 2-57 所示。

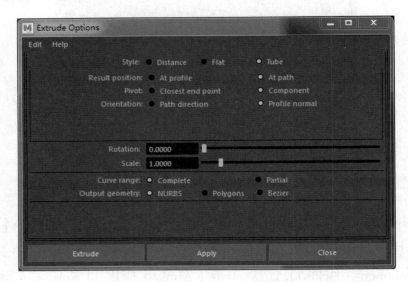

图 2-57　【Extrude Options（挤出选项）】属性窗口

（1）Style（样式）：该项设置挤出的类型。

● Distance（距离）：只按轮廓线来挤出曲面，在对话框中输入数值控制挤出的长度。

● Flat（平坦）：使用轮廓曲线和路径曲线以平坦的方式创建曲面。

● Tube（管）：使用轮廓曲线和路径曲线以管状的方式创建曲面。

（2）Result position（结果位置）：只有【Style（样式）】为【Flat（平坦）】和【Tube（管）】时才使用该项。

● At profile（在剖面处）：在轮廓曲线的位置处创建突起的曲面。

● At path（在路径处）：在路径曲线的位置处创建突起的曲面。

（3）Pivot（枢轴）：只有【Style（样式）】为【Tube（管）】时才使用该项。

● Closest end point（最近结束点）：如果选择该项，那么将会使用距离界限框中心最近的路径端点，此端点用于所有轮廓曲线的枢轴点。

● Component（组件）：如果选择该项，那么表示各轮廓曲线的枢轴点用于拉伸轮廓曲线，挤出就会按照轮廓曲线拉伸。

（4）Orientation（方向）：只有【Style（样式）】为【Tube（管）】时才可设置此项。

● Path direction（路径方向）：拉伸的方向将由路径曲线的方向决定。

● Profile normal（剖面法线）：由轮廓的法线方向决定挤出的方向。

（5）Rotation（旋转）：在沿路径曲线拉伸时，逐渐旋转轮廓曲线。

（6）Scale（缩放）：在没有路径拉伸时，逐渐缩放轮廓曲线。

（7）Curve range（曲线范围）：【Complete（完成）】为全部范围，如果设置为局部范围【Partial（部分）】，将可以使用曲线修改曲线的范围。

（8）Output geometry（输出几何图形）：选择生成几何图形的形态，可以选择生成 NURBS、多边形和 Bezier 3 种曲面类型。

2．Bevel（倒角）

该命令可以通过任一条曲线生成一个带有倒角的拉伸曲面。单击【Bevel（倒角）】工具后面的 ❏ 按钮，打开其属性窗口。【Bevel Options（倒角选项）】属性窗口如图 2-58 所示。

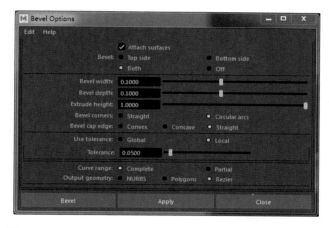

图 2-58　【Bevel Options（倒角选项）】属性窗口

（1）Attach surfaces（附加曲面）：选中此项，系统将连接生成曲面的每个部分。

（2）Bevel（倒角）：指定以何种方式创建倒角。

● Top side（顶边）：创建顶部的倒角曲面。

● Bottom side（底边）：创建底部的倒角曲面。

● Both（二者）：创建顶部和底部的倒角曲面。

● Off（禁用）：不创建倒角曲面。

（3）Bevel width（倒角宽度）：指定倒角曲面的宽度。

（4）Bevel depth（倒角深度）：指定倒角曲面的深度。

（5）Extrude height（挤出高度）：拉伸曲面的高度。

（6）Bevel corners（倒角的角点）：设置倒角的处理方式。

● Straight（笔直）：生成的曲面夹角为直角。

● Circular arcs（圆弧）：生成的曲面夹角为圆角。

（7）Bevel cap edge（倒角封口边）：设置倒角边部分的处理方式。

● Convex（凸）：使倒角边的部分凸起。

- Concave（凹）：使倒角边的部分凹陷。
- Straight（笔直）：使倒角边的部分保持直线。

（8）Use tolerance（使用容差）：如果设置为【Global（全局）】，将会使用 Preferences（参数）窗口中 Setting（设置）部分的 Positional（位置）容差；如果设置为【Local（局部）】，则在该属性窗口中输入参数，而忽略 Preferences（参数）窗口的 Positional（位置）容差。

（9）Tolerance（容差）：该项用来设置输入局部公差的数值。

（10）Curve range（曲线范围）：如果该项设置为【Complete（完成）】，则整条曲线进行倒角操作；如果设置为【Partial（部分）】，则使用曲线的一段进行倒角操作。

（11）Output geometry（输出几何体）：选择生成几何体的形态，可以选择生成 NURBS、多边形和 Bezier 3 种曲面类型。

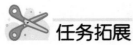
任务拓展

使用【创建文本】命令制作三维文字。三维文字效果如图 2-59 所示。

图 2-59　三维文字效果

具体操作步骤如下。

（1）打开 Maya 2022，选定【Front（前）】视图，执行【Create（创建）】→【Type（类型）】命令，在打开的文本属性窗口的文本框中输入"加油"。文本属性窗口如图 2-60 所示，创建的文本效果如图 2-61 所示。

图 2-60　文本属性窗口

图 2-61　创建的文本效果

（2）选中文字，在属性面板中【Geometry（几何体）】选项卡下找到【Enable Bevel（启用倒角）】复选框并勾选，下面有多个关于文字倒角的选项可供调节。倒角属性窗口如图 2-62 所示。

（3）效果是实时显示的。倒角的文字效果如图 2-63 所示。

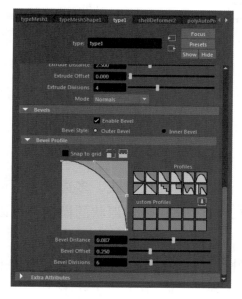

图 2-62　倒角属性窗口

图 2-63　倒角的文字效果

 任务总结

（1）使用【Extrude（挤出）】命令可以由一条路径曲线和一条轮廓曲线生成一个曲面。

（2）使用【Bevel（倒角）】命令可以通过任一条曲线生成一个带有倒角的拉伸曲面。

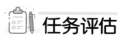 **任务评估**

任务 3　评估表

	任务 3　评估细则	自评	教师评价
1	曲线工具的使用		
2	曲线的调整		
3	【Extrude（挤出）】命令的使用		
4	【Bevel（倒角）】命令的理解		
5	任务的制作步骤		
任务综合评估			

第 3 章

Polygon 建模

多边形建模是当今最流行而且也是应用范围最广泛的一种建模方式，多边形建模可以使用相对较少的编辑命令来创建各种复杂的物体模型，理论上来讲任何形状的模型都可以运用多边形建模方式来产生。

多边形（Polygon）是指由多条边所组成的封闭图形，而多边形模型是由许多小的平面所组成的，这些组成多边形模型的平面又被称为"Face（面）"或"Poly（多边形）"。一个完整的多边形模型往往由成百上千的多边形面组成，而编辑的形状越复杂则所要用到的多边形面就越多。

对于游戏模型制作者而言，多边形建模方式是使用频率最高的模型构造方式，也是最佳的建模手段。在制作中，只有最大限度地降低模型的复杂程度，才能够有效地提高实时渲染的交互速度，而使用多边形建模则可以很好地控制模型构成的面数。游戏中的模型示例如图 3-1 所示。

图 3-1　游戏中的模型示例

同样，使用多边形建模方式也可以构造光滑的具有细节的模型。由于在多边形编辑过程中往往只需要对单一模型进行编辑，而 NURBS 建模方式则会产生为数众多的曲面单体，这对于创建复杂形状模型来说显然提高了制作难度。因此多边形建模方式被广泛应用于动画和电影特效制作。游戏中的模型视图示例如图 3-2 所示。

图 3-2　游戏中的模型视图示例

通过对本章的学习，将学到以下内容。

① 了解【Polygon（多边形）】建模的核心概念。

② 能够创建、编辑简单多边形。

③ 能够编辑、创建复杂多边形。

④ 能够利用【Polygon（多边形）】命令进行模型的制作。

任务 1　使用创建命令制作球体

使用【Create（创建）】命令制作球体。球体效果如图 3-3 所示。

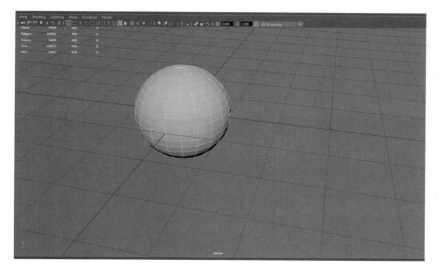

图 3-3　球体效果

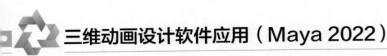

在各类三维电影动画中，三维建模师们需要设计各种各样的场景、道具。这些三维模型大部分是用【Polygon（多边形）】命令来完成建模的。

任务分析

1. 制作分析

● 使用【Create（创建）】命令创建一个球体。

● 使用【Create（创建）】命令完成球体属性调节。

2. 工具分析

● 使用【Create（创建）】→【Polygon Primitives（多边形基本体）】→【Sphere（球体）】命令，通过拖曳鼠标左键在视图中绘制一个球体。

● 使用【Sphere（球体）】属性级别命令，对球体变换进行各种基本属性调节，修改球体的形体和位置。

● 使用【Sphere（球体）】属性命令，对球体细分线段数进行调节。

3. 通过本任务的制作，要求掌握以下内容

● 学会使用【Create（创建）】→【Polygon Primitives（多边形基本体）】→【Sphere（球体）】命令制作各种类型的球体。

● 学会使用【Sphere（球体）】属性命令。

● 通过任务拓展能够修改通道盒中【INPUTS/polyCylinder1（输入节点）】属性值创建圆形封盖圆柱体。

任务实施

具体操作步骤如下。

（1）执行【File（文件）】→【Project Window（项目窗口）】命令，打开【Project Window（项目窗口）】属性窗口，在窗口中指定项目名称和位置，单击【Accept（接受）】按钮完成项目目录的创建。创建项目目录如图 3-4 所示。

（2）执行【Create（创建）】→【Polygon Primitives（多边形基本体）】→【Sphere（球体）】命令。执行创建球体命令如图 3-5 所示。

（3）在视图中按鼠标左键进行拖曳来决定球体产生的位置以及半径大小，按【5】键，将创建出来的球体对象以实体方式显示。在透视图中创建球体如图 3-6 所示。

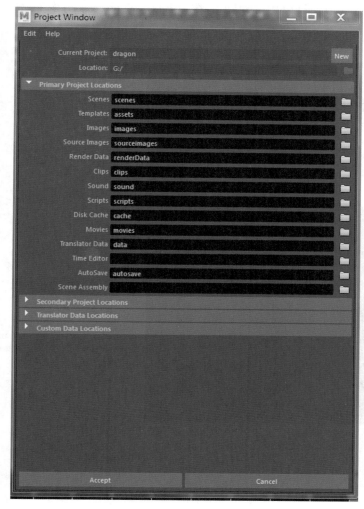

图 3-4　创建项目目录

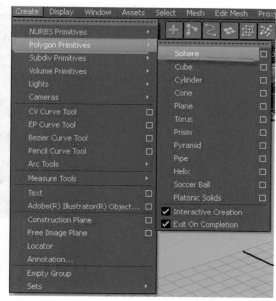

图 3-5　执行创建球体命令

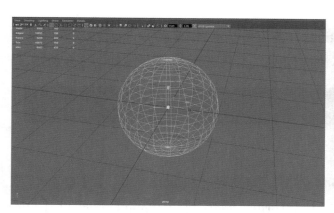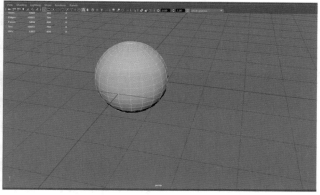

图 3-6　在透视图中创建球体

（4）修改通道盒 INPUTS 节点面板下的【polySphere1（多边形球体 1）】的属性值，输入数值即可。调节球体细分属性如图 3-7 所示。

（5）执行【Create（创建）】→【Polygon Primitives（多边形基本体）】→【Sphere（球体）】

命令，并在视图中单击也可以直接完成基本多边形球体的创建，在这种状态下，多边形基本体的属性将由预先在多边形属性面板中的设置所决定。

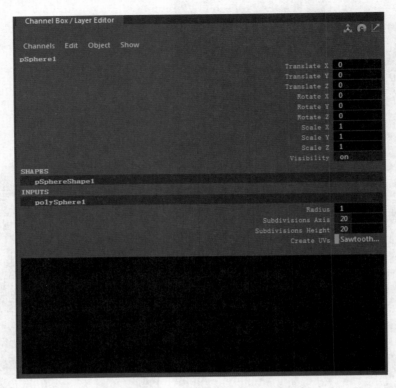

图 3-7　调节球体细分属性

 新知解析

1．创建多边形基本体

执行【Create（创建）】→【Polygon Primitives（多边形基本体）】命令来进行多边形基本体的创建，也可以直接单击工具架上的基本体快捷创建。工具架上的基本体如图 3-8 所示。

图 3-8　工具架上的基本体

在 Maya 2022 中提供了 14 种多边形基本体类型，分别是【Sphere（球）】、【Cube（立方体）】、【Cylinder（圆柱）】、【Cone（圆锥体）】、【Torus（圆环）】、【Plane（平面）】、【Disc（圆盘）】、【Platonic Solid（柏拉图多面体）】、【Pyramid（棱锥）】、【Prism（棱柱）】、【Pipe（管道）】、【Helix（螺旋线）】、【Gear（齿轮）】、【Soccer Ball（足球）】。多边形基本体的类型如图 3-9 所示。

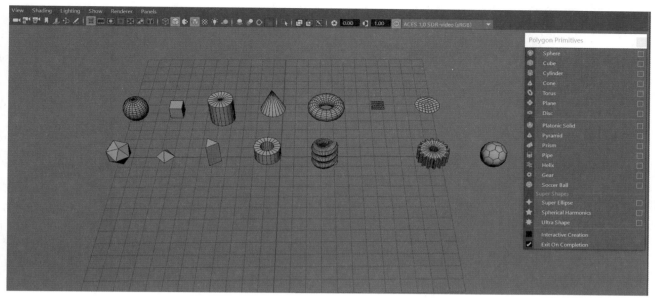

图 3-9　多边形基本体的类型

2. 多边形基本体通用参数

由于大多数基本体的属性设置选项很相似，因此下面以【Cylinder（圆柱）】为例进行说明。圆柱基本体形状和参数设置窗口如图 3-10 所示。

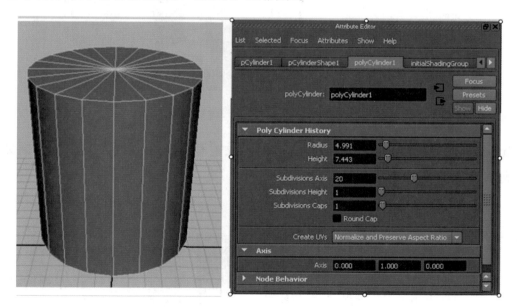

图 3-10　圆柱基本体形状和参数设置窗口

（1）Radius（半径）：用于设置基本体截面的半径，包括球体、圆柱体、圆锥体、管状体、足球、多面体等，都使用半径来定义其大小。不同半径的圆柱体基本体如图 3-11 所示。

（2）Height（高度）：用于设置基本体的高度。

（3）Subdivision Axis（轴向细分数），用于设置基本体围绕中心轴方向的细分面的数目，不同参数的影响效果如图 3-12 所示。

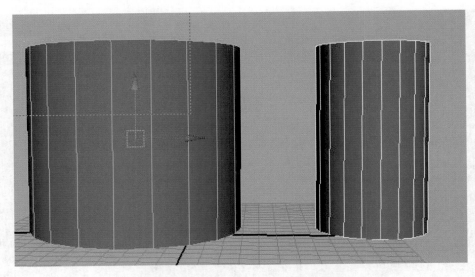

图 3-11　不同半径的圆柱体基本体

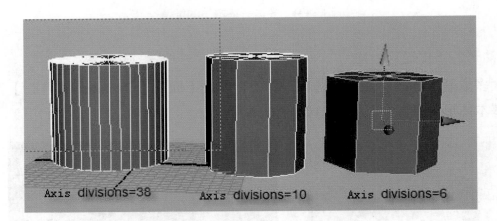

图 3-12　不同参数的影响效果

（4）Subdivision Height（高度细分数）：用于设置基本体在高度方向的细分面数目，不同参数的影响效果如图 3-13 所示。

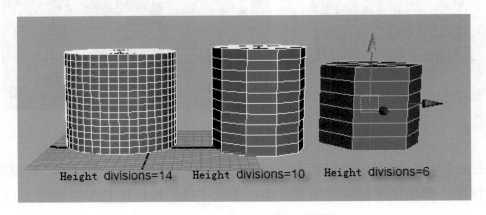

图 3-13　不同参数的影响效果

（5）Subdivision Caps（端面细分数）：用于设置基本体在界面内的细分面的数目。

（6）Round Cap（圆形端面），该选项用于给某些基本体的顶面添加封盖效果，适用于圆柱体、圆锥体、圆管和螺旋体。不同选项的影响效果如图 3-14 所示。

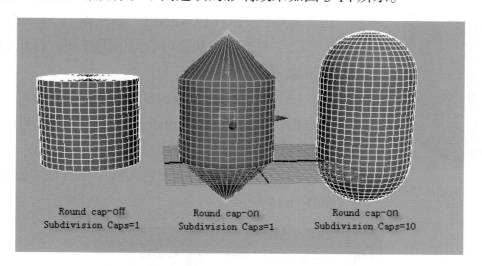

图 3-14 不同选项的影响效果

🔬 **注意**

【Round Cap（圆形端面）】必须与【Subdivision Caps（端面细分数）】参数结合使用，只有当【Subdivision Caps（端面细分数）】参数值大于 1 时才会出现圆盖效果。

（7）Axis（轴向）：用于设置在场景中创建基本体时的中心轴方向。不同轴向的圆柱基本体如图 3-15 所示。

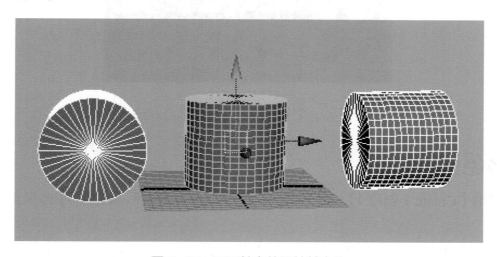

图 3-15 不同轴向的圆柱基本体

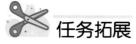 **任务拓展**

创建一个圆形封盖的圆柱体。圆形封盖的圆柱体效果如图 3-16 所示。

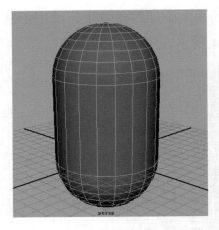

图 3-16　圆形封盖的圆柱体效果

具体操作步骤如下。

（1）执行【Create（创建）】→【Polygon Primitives（多边形基本体）】→【Cylinder（圆柱体）】命令创建圆柱体。

（2）单击位于状态行右侧的  按钮，打开【Channel Box（通道盒）】面板。

（3）在【Channel Objects（通道盒）】面板下，单击 INPUTS 节点面板下的【polyCylinder1（多边形圆柱体1）】，打开物体的属性设置面板。

（4）在物体的属性设置面板中更改物体属性。属性面板如图 3-17 所示。

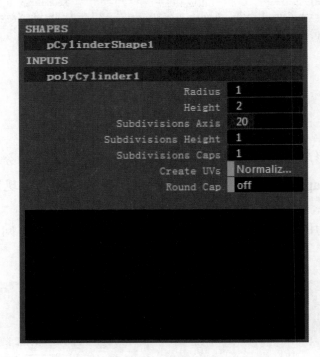

图 3-17　属性面板

 任务总结

（1）使用【Create（创建）】→【Polygon Primitives（多边形基本体）】命令创建多边形基本体。

（2）多边形基本体通用参数设置，通过参数的修改，改变多边形基本体的基本形态。

（3）在使用圆形封盖时，【Round Cap（圆形端面）】必须与【Subdivision Caps（端面细分数）】参数结合使用，只有当【Subdivision Caps（端面细分数）】参数值大于 1 时才会出现圆盖效果。

任务评估

任务 1　评估表

	任务 1　评估细则	自评	教师评价
1	创建多边形基本体		
2	修改基本体通用参数		
3	圆形封盖用法		
任务综合评估			

任务 2　结合、分离、提取电脑桌

电脑桌组合模型的效果如图 3-18 所示。

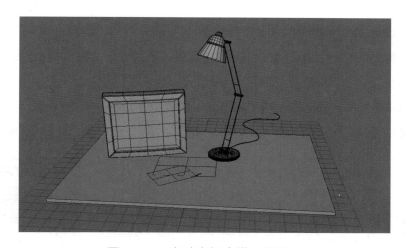

图 3-18　电脑桌组合模型的效果

任务分析

1. 制作分析

● 使用【Combine（结合）】命令完成将电脑桌与电脑桌上的物品结合为一个整体。

● 使用【Separate（分离）】命令将电脑桌与电脑桌上的物品分离为独立的对象。

● 使用【Extract（提取）】命令将电脑桌的上盖部分从初始的多边形物体中分离出来。

2. 工具分析

● 使用【Mesh（多边形）】→【Combine（结合）】命令在视图中将电脑桌与电脑桌上的物品结合为一个整体。

● 使用【Mesh（多边形）】→【Separate（分离）】命令将电脑桌与电脑桌上的物品分离

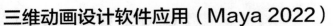

为各自单独的多边形对象。

● 使用【Mesh（多边形）】→【Extract（提取）】命令将电脑桌的上盖部分从初始的多边形物体中分离出来。

3. 通过本任务的制作，要求掌握以下内容

● 学会使用【Combine（结合）】命令将多个多边形对象结合为同一个多边形对象。

● 学会使用【Separate（分离）】命令将不连接的多边形面分离为独立的多边形对象。

● 学会使用【Extract（提取）】命令随意从多边形物体上提取独立的面，形成独立的多边形对象。

 ## 任务实施

具体操作步骤如下。

（1）执行【File（文件）】→【Open Scene（打开场景）】命令，打开素材文件"Project3/renwuer/scenes/zuheshuzhuo"。

（2）选择电脑桌，再按【Shift】键加选电脑桌上的物品，或者框选要合并的电脑桌和电脑桌上的物品。选择要结合的物品如图 3-19 所示。

（3）执行【Mesh（多边形）】→【Combine（结合）】命令，对多边形进行合并操作，在视图中将电脑桌和电脑桌上的物品组合为一个整体。结合命令如图 3-20 所示。

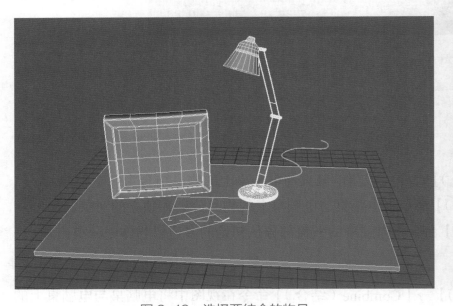

图 3-19　选择要结合的物品

图 3-20　结合命令

（4）电脑桌和电脑桌上的物品合并成了一个多边形整体。结合多边形如图 3-21 所示。

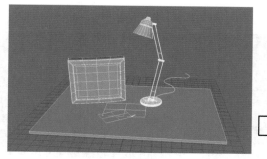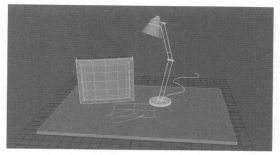

图 3-21 结合多边形

【Combine（结合）】操作可能会导致产生的多边形物体法线方向不一致，执行【Mesh Display（网格显示）】→【Conform（一致）】命令可以统一多边形法线的方向。

（5）为了单独调整场景中相框的位置，现将场景中的相框多边形对象从整体中分离开来。

（6）选择场景中的多边形对象。

（7）执行【Mesh（网格）】→【Separate（分离）】命令，对多边形进行分离操作。分离命令如图 3-22 所示。

（8）电脑桌和电脑桌上的物品分离为各自单独的多边形对象。分离多边形如图 3-23 所示。

（9）将相框凸出的部分从相框上提取出来，使形成一个新的多边形对象，作为相框的盖。

（10）选择相框，按【F11】键，将相框的显示状态转换为面片格式。以面片格式显示的相框如图 3-24 所示。

（11）选择凸起的所有面，单击【Extract（提取）】命令右侧的□按钮，打开【Extract Options（提取选项）】属性窗口，如图 3-25 所示。

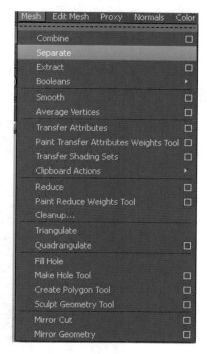

图 3-22 分离命令

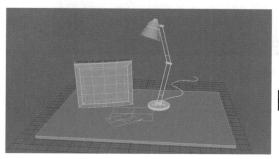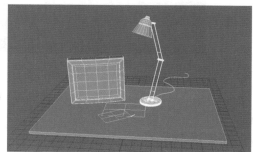

图 3-23 分离多边形

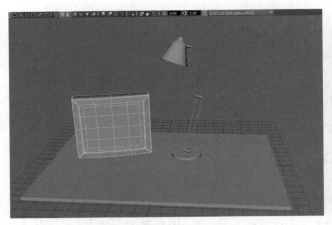

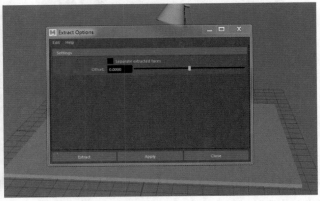

图 3-24　以面片格式显示的相框　　　　图 3-25　【Extract Options（提取选项）】属性窗口

（12）在【Extract Options（提取选项）】窗口中勾选【Separate extracted faces（分离提取的面）】复选框，单击【Extract（提取）】按钮完成操作。提取多边形面如图 3-26 所示。

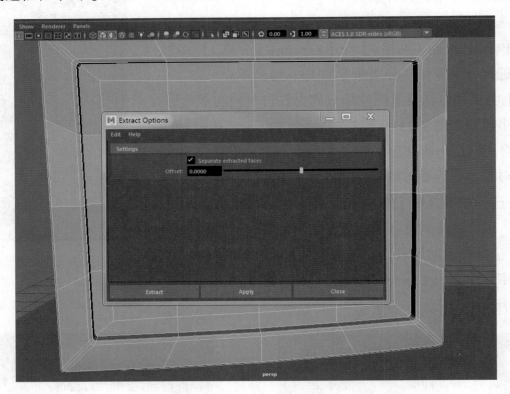

图 3-26　提取多边形面

 新知解析

1．Combine（结合）

【Combine（结合）】命令可能会导致产生的多边形物体法线方向不一致，执行【Mesh Pisplay（网格显示）】→【Conform（一致）】命令可以统一多边形法线的方向。

对于许多多边形元素编辑操作而言，要保持参与编辑的多边形元素属于同一个多边形对象是必要条件，因此合并多边形操作是进行很多后续编辑操作的前提。

2. Separate（分离）

【Separate（分离）】命令只对具有多个多边形外壳的对象有效。

多边形外壳是指一个多边形中所有的连接面的集合。例如，本例中多边形模型由电脑桌面、台灯、相框等组合而成，因此整个的电脑桌上组合模型具有多个多边形外壳，对其施加【Separate（分离）】命令可以分离成为多个独立的多边形物体。

3. Extract（提取）

【Extract（提取）】命令用于从物体上提取一个或多个面。

【Separate extracted faces（分离提取的面）】复选框勾选与否决定所提取的面与初始多边形是否在同一个物体级别下。【Offset（偏移）】选项控制提取面的变换属性，用户也可以在提取完成之后再对其进行变换属性的调节。

 任务拓展

将给出的飞船模型组合成为一个整体，飞船模型效果如图 3-27 所示。

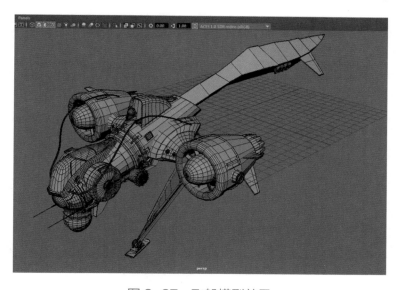

图 3-27　飞船模型效果

具体操作步骤如下。

（1）打开 Maya 2022，执行【File（文件）】→【Open Scene（打开场景）】命令，打开素材文件"Project/renwuer/scenes/飞船"。

（2）按住【Shift】键选择场景中的所有多边形对象或者用鼠标框选所有多边形对象。

（3）执行【Mesh（网格）】→【Combine（结合）】命令。

任务总结

（1）使用【Combine（结合）】命令可以将多个多边形对象结合为同一个多边形对象。

（2）使用【Separate（分离）】命令可以将多边形中不连接的多边形面分离为独立的对象。

（3）使用【Extract（提取）】命令可以将多边形从初始多边形物体中提取分离出来。

任务评估

任务 2　评估表

任务 2　评估细则		自评	教师评价
1	【Combine（结合）】命令的使用		
2	【Separate（分离）】命令的使用		
3	【Extract（提取）】命令的使用		
任务综合评估			

任务 3　使用布尔运算命令制作笔筒

使用【Booleans（布尔运算）】命令制作笔筒，笔筒效果如图 3-28 所示。

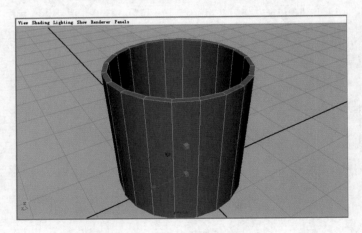

图 3-28　笔筒效果

任务分析

1. 制作分析

- 使用【Create（创建）】命令创建一个圆柱体。
- 使用【Duplicate（复制）】命令复制一个圆柱体，并进行缩放控制。
- 使用【Booleans（布尔运算）】命令将两个圆柱体合成为一个笔筒。

2. 工具分析

● 使用【Create（创建）】→【Polygon Primitives（多边形基本体）】→【Cylinder（圆柱体）】命令，创建一个圆柱体。

● 设置【Cylinder（圆柱体）】的属性级别，对圆柱体变换进行各种基本属性调节，修改圆柱体的形体和位置。

● 使用【Duplicate（复制）】命令复制圆柱体。

● 使用【Booleans（布尔运算）】→【Difference（差集）】命令完成笔筒制作。

3. 通过本任务的制作，要求掌握以下内容

● 学会使用【Booleans（布尔运算）】→【Difference（差集）】命令完成笔筒制作。

● 通过拓展练习能够使用【Booleans（布尔运算）】中【Union（并集）】、【Intersection（交集）】命令制作各种模型。

 **任务实施**

具体操作步骤如下。

（1）执行【File（文件）】→【Project Window（项目窗口）】命令，打开【Project Window（项目窗口）】属性窗口，在窗口中指定项目名称和位置，单击【Accept（接受）】按钮完成项目目录的创建。创建项目目录如图 3-29 所示。

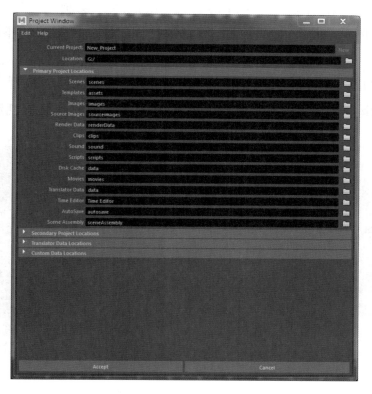

图 3-29　创建项目目录

（2）执行【Create（创建）】→【Polygon Primitives（多边形基本体）】→【Cylinder（圆柱体）】命令。执行创建圆柱体命令如图 3-30 所示。

（3）在透视图中创建圆柱体。在视图中通过通道盒属性值或使用缩放命令调节圆柱体的半径及高度。按【5】键，将创建出来的圆柱体对象以实体方式显示。创建的圆柱体如图 3-31 所示。

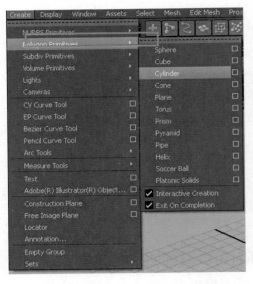

图 3-30 执行创建圆柱体命令

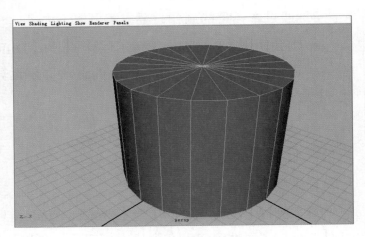

图 3-31 创建的圆柱体

（4）选择圆柱体，执行【Edit（编辑）】→【Duplicate（复制）】命令，复制一个圆柱体，按【R】键，进行整体缩放；按【W】键，移动圆柱体位置。复制圆柱体并调整位置与大小，如图 3-32 所示。

（5）选择外侧的圆柱体，再按【Shift】键选择里面的圆柱体，执行【Mesh（多边形）】→【Booleans（布尔运算）】→【Difference（差集）】命令，完成笔筒的创建，如图 3-33 所示。

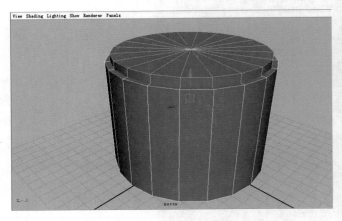

图 3-32 复制圆柱体并调整位置与大小

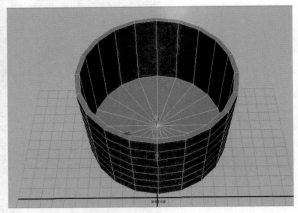

图 3-33 笔筒的创建

新知解析

1. 复制

执行【Edit（编辑）】→【Duplicate（复制）】命令复制一个圆柱体，也可以直接使用【Ctrl+D】组合键完成复制命令。

2. 布尔运算属性调节

执行【Mesh（网格）】→【Booleans（布尔运算）】→【Difference（差集）】命令时，先选择的多边形体积会减去后选择的多边形体积。在多边形历史记录被保留的情况下，也可以选择参与布尔运算的多边形物体，并在【Channel Objects（通道盒）】、【Attribute Editor（属性编辑器）】或【Hypergraph（超图）】面板中对物体的属性进行调节，进而影响布尔运算结果。布尔运算属性调节如图 3-34 所示。

3. 布尔运算类型

Maya 提供了三种布尔运算类型，分别是【Union（并集）】、【Difference（差集）】、【Intersection（交集）】。布尔运算类型如图 3-35 所示。

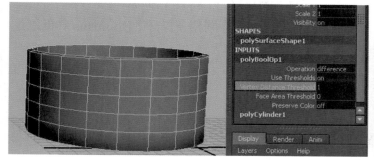

图 3-34　布尔运算属性调节

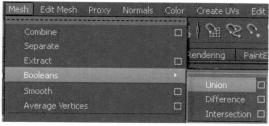

图 3-35　布尔运算类型

（1）【Union（并集）】：将两部分多边形物体的体积进行结合。

（2）【Difference（差集）】：对两部分多边形物体的体积进行相减。

（3）【Intersection（交集）】：计算两部分多边形物体相交部分的体积。

三种布尔运算的效果如图 3-36 所示。

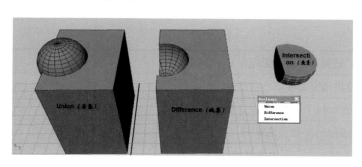

图 3-36　三种布尔运算的效果

任务拓展

绘制一个葫芦形状的多边形，葫芦形状多边形的效果如图 3-37 所示。

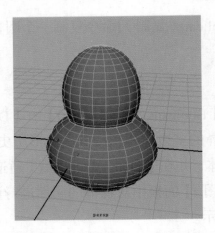

图 3-37　葫芦形状多边形的效果

具体操作步骤如下。

（1）创建一个多边形球体，并调节其属性，Y 轴缩放球体。

（2）创建第二个球体，调节其属性，比第一个球体稍微小一点，Y 轴放大球体。

（3）将两个球体放在合适位置，选择球体，执行【Mesh（网格）】→【Booleans（布尔运算）】→【Union（并集）】命令完成操作。

任务总结

（1）使用【Create（创建）】→【Polygon Primitives（多边形基本体）】命令创建多边形基本体。

（2）使用【Edit（编辑）】→【Duplicate（复制）】命令复制一个圆柱体。

（3）使用【Mesh（网格）】→【Booleans（布尔运算）】→【Difference（差集）】命令制作笔筒模型。

任务评估

任务 3　评估表

任务 3　评估细则		自评	教师评价
1	创建多边形圆柱体		
2	【Puplicate（复制）】命令的使用		
3	【Booleans（布尔运算）】命令的使用		
任务综合评估			

任务 4 使用挤出命令制作键盘

使用【Extrude（挤出）】命令制作键盘，键盘效果如图 3-38 所示。

图 3-38 键盘效果

任务分析

1. 制作分析

- 使用【Create（创建）】命令创建一个立方体。
- 使用【Edit Mesh（编辑网格）】命令制作键盘细节。

2. 工具分析

- 使用【Create（创建）】→【Polygon Primitives（多边形基本体）】→【Cube（立方体）】命令，在视图中创建立方体，利用缩放工具调整成合适的立方体。
- 使用【Mesh Tools（网格工具）】→【Insert Edge Loop Tool（插入循环边）】命令为立方体添加需要的循环边。
- 使用【Edit Mesh（编辑网格）】→【Extrude（挤出）】命令制作键盘细节。

3. 通过本任务的制作，要求掌握以下内容

- 熟练使用【Create（创建）】命令。
- 能够使用【Mesh Tools（网格工具）】→【Insert Edge Loop Tool（插入循环边）】命令为需要的多边形对象添加循环边。
- 能够使用【Edit Mesh（编辑网格）】→【Extrude（挤出）】命令制作所需模型。

 **任务实施**

具体操作步骤如下。

（1）执行【File（文件）】→【Project Window（项目窗口）】命令，打开【Project Window】属性窗口，在窗口中指定项目名称和位置，单击【Accept（接受）】按钮完成项目目录的创建。

（2）执行【Create（创建）】→【Polygon Primitives（多边形基本体）】→【Cube（立方体）】命令。

（3）按【R】键，通过缩放工具对立方体进行调整，确定立方体的长度、宽度和高度，并调节属性。立方体的创建及属性调节如图 3-39 所示。

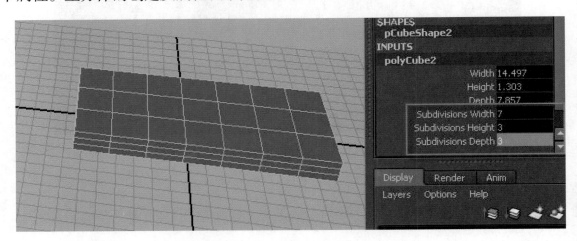

图 3-39　立方体的创建及属性调节

（4）选择立方体，按【F10】键，切换为物体的线级别，根据键盘样式调整布线，如图 3-40 所示。

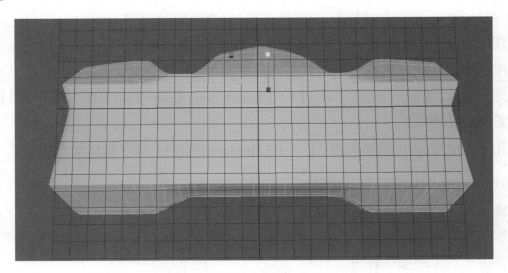

图 3-40　调整布线

（5）选择立方体，按【F11】键，切换为面模式。选择要挤出的面，如图 3-41 所示。

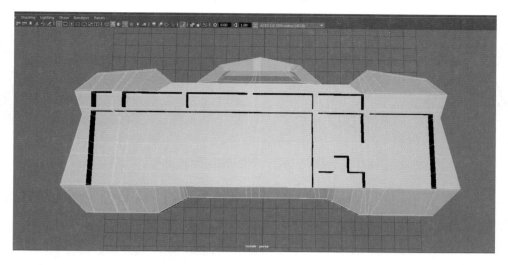

图 3-41 选择要挤出的面

（6）执行【Edit Mesh（编辑网格）】→【Extrude（挤出）】命令右侧的 ▢ 按钮，打开【Extrude Face Options（挤出平面选项）】属性窗口，如图 3-42 所示。

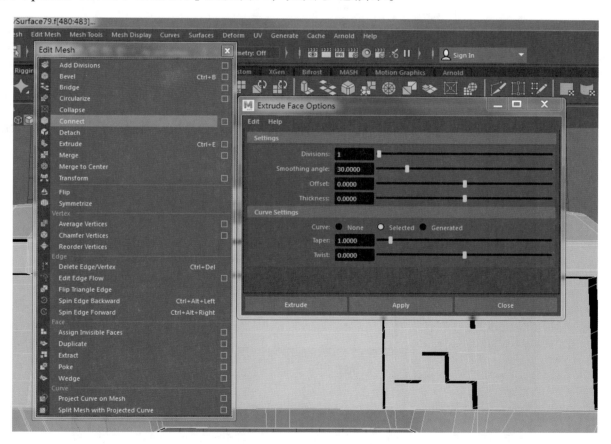

图 3-42 【Extrude Face Options（挤出平面选项）】属性窗口

（7）将选择的面进行向下挤出操作，如图 3-43 所示。

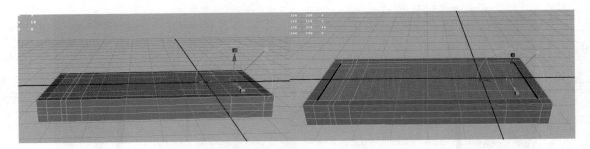

图 3-43　向下挤出操作

（8）执行【Mesh Tools（网格工具）】→【Insert Edge Loop Tool（插入循环边工具）】命令，为模型的屏幕部分添加循环边，如图 3-44 所示。

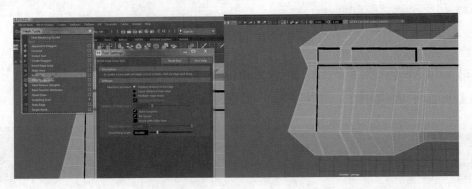

图 3-44　为模型的屏幕部分添加循环边

（9）选择要挤出的按键所在面，进行挤出操作，并按【Delete（删除）】键，删除挤出的面，如图 3-45 所示。

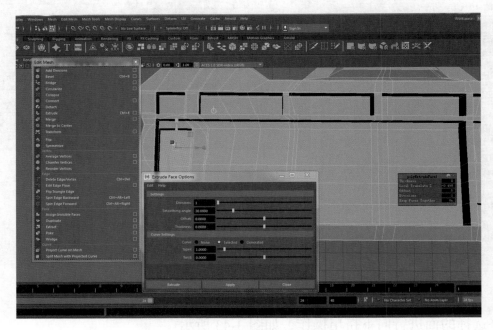

图 3-45　删除挤出的面

（10）切换到【Top（顶）】视图，在按键的位置创建两个立方体，如图 3-46 所示。

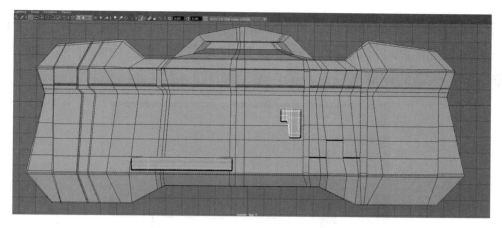

图 3-46　创建两个立方体

（11）选择键盘四周的线，单击【Edit Mesh（编辑网格）】→【Bevel（倒角）】命令右侧的■按钮，打开【Bevel Options（倒角选项）】窗口，如图 3-47 所示。

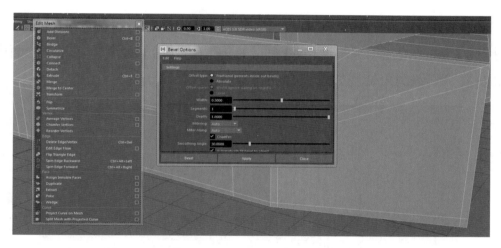

图 3-47　【Bevel Options（倒角选项）】窗口

（12）调节倒角的具体属性，设置一个合适的参数，如图 3-48 所示。

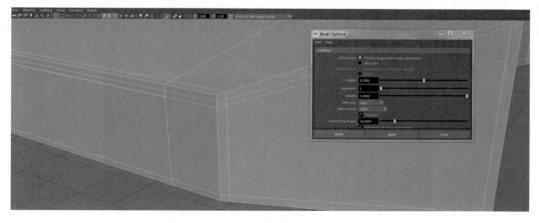

图 3-48　调节倒角的具体属性

（13）在键盘的侧面添加循环边。按【Shift】键多选要挤出的面，执行一次【Extrude（挤出）】命令，将面向里推动，再次执行【Extrude（挤出）】命令，缩放当前面，第三次执行【Extrude（挤出）】命令，将所需的按键向外拉。制作侧键如图3-49所示。

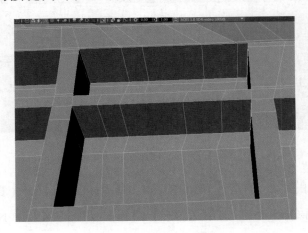

图3-49　制作侧键

（14）执行【Edit Mesh（编辑网格）】→【Bevel（倒角）】命令，将侧键的面进行倒角处理，并调整参数。侧键倒角处理如图3-50所示。

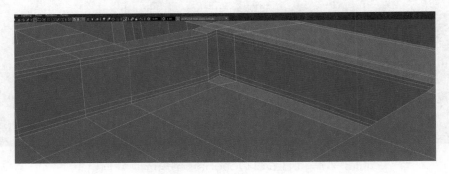

图3-50　侧键倒角处理

（15）选择底面所有的面执行【Scale（缩放）】命令，缩放到合适比例，选择底面周围的线，执行【Edit Mesh（编辑网格）】→【Bevel（倒角）】命令，调整参数，制作完成的底面效果如图3-51所示。

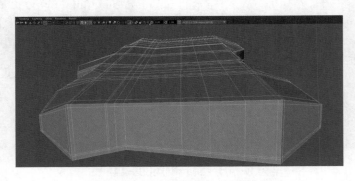

图3-51　制作完成的底面效果

（16）选择所需的面，进行缩放并向下拖曳，执行【Edit Mesh（编辑网格）】→【Extrude（挤出）】命令，向下拖曳并适当缩放。

（17）选择周边的线，执行【Edit Mesh（编辑网格）】→【Bevel（倒角）】命令进行倒角处理，并调整具体参数。倒角处理如图 3-52 所示。

（18）选择里面的面，执行【Edit Mesh（编辑网格）】→【Extrude（挤出）】命令，向上拖曳并适当缩放，再次执行【Extrude（挤出）】命令，适度缩放，第三次执行【Extrude（挤出）】命令，向里推拉，调整参数。制作完成的底面摄像头效果如图 3-53 所示。

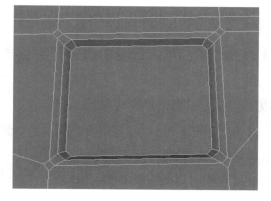

图 3-52　倒角处理

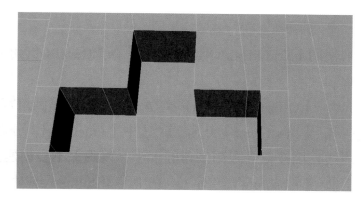

图 3-53　制作完成的底面摄像头效果

（19）制作侧面按钮，步骤同上。制作完成的侧面按钮效果如图 3-54 所示。

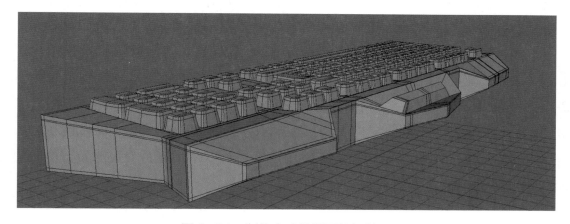

图 3-54　制作完成的侧面按钮效果

（20）调整布线完成。

新知解析

1. 挤出

单击【Edit Mesh（编辑网格）】→【Extrude（挤出）】命令右侧的■按钮，打开【Extrude Face Options（挤出面选项）】属性窗口。

（1）【Divisions（分段）】：调整挤出过程中产生的细分段数。

（2）【Offset（偏移）】：调整挤出过程中的偏移参数。

2. 循环边

使用【Mesh Tools（网格工具）】→【Insert Edge Loop（添加循环边）】命令，为多边形物体添加循环边，在使用插入循环边工具的过程中，在视图中同时按【Ctrl】键、【Shift】键和鼠标右键可以打开【Insert Edge Loop Tool Options（插入循环边工具选项）】标记菜单，在其中可以设置循环边定点的指定方式以及【Auto Complete（自动完成）】功能的开启或关闭。

3. 倒角

使用【Edit Mesh（编辑网格）】→【Bevel（倒角）】命令，可沿当前选定的边创建倒角多边形。

（1）【Offset Type（偏移类型）】：选择计算倒角宽度的方式，有以下两种类型。

① 【Fractional（分形）】：选中【Fractional（分形）】单选按钮时，倒角宽度将不会大于最短边。该按钮会限制倒角的大小，以确保不会创建由内到外的倒角。这是默认设置。

② 【Absolute（绝对）】：选中【Absolute（绝对）】单选按钮时，会使用【Width（宽度）】值，且在创建倒角时没有限制。如果使用的【Width（宽度）】值太大，那么倒角可能会变为由内到外。

（2）【Offset Space（偏移空间）】：确定应用到已缩放对象的倒角是否也将按照对象上的缩放进行缩放。

注：【Offset Space（偏移空间）】选项仅当选中【Absolute（绝对）】时可用。

① 【Width（宽度）】：指定原始边与偏移面的中心之间的距离来确定倒角的大小。

② 【Segments（分段）】：使用滑块或输入值可更改分段的数量，默认值为1。

③ 【Depth（深度）】：调整向内（-）或向外（+）倒角边的距离，默认值为1。

④ 【Smoothing angle（平滑角度）】：使用该选项可以指定进行着色时希望倒角边是硬边还是软边。

 任务总结

（1）使用【Create（创建）】→【Polygon Primitives（多边形基本体）】命令创建多边形基本体。

（2）使用【Edit Mesh（编辑网格）】→【Extrude（挤出）】命令挤压多边形。

（3）使用【Mesh Tools（网格工具）】→【Insert Edge Loop（添加循环边）】命令为多边形物体添加循环边。

（4）【Edit Mesh（编辑网格）】→【Bevel（倒角）】命令的运用。

（5）保存文件。

任务评估

任务 4　评估表

任务 4　评估细则		自评	教师评价
1	创建多边形立方体		
2	【Extrude（挤出）】命令的使用		
3	添加循环边		
4	【Bevel（倒角）】命令的使用		
5	保存文件		
任务综合评估			

第4章
灯 光

灯光照明效果集合可以被认为是三维场景的灵魂，Maya 能模拟真实世界中的各种灯光效果。添加灯光与材质是模型在最终输出中不可缺少的一个重要环节，直接决定了整个作品的视觉效果，而灯光可对作品起到锦上添花的作用，自然界中的照明示例如图 4-1 所示，室内照明示例如图 4-2 所示。

图 4-1　自然界中的照明示例

图 4-2　室内照明示例

Maya 提供了 6 种灯光类型，它们分别是【Ambient Light（环境光）】、【Directional Light（平行光）】、【Point Light（点光源）】、【Spot Light（聚光灯）】、【Area Light（区域光）】、【Volume Light（体积光）】。

通过对本章的学习，将学到以下内容。

① Maya 灯光照明基础创建。

② 灯光属性。

③ Maya 基础布光原则。

任务　三点布光原则

对场景进行照明效果的设置需要制作者根据创作意图进行反复尝试，并不断进行摸索和经验教训的总结。其实对于灯光的布置并不存在绝对可以套用的公式，但是对于布光来说基本都遵循三点布光的照明原则，也就是主光、辅光、背光的基本设置方法。

任务分析

1. 制作分析

- 三点布光法中的不同灯光的灯光亮度与范围属性都是不同的。
- 主光强度最大，范围也广，高光由主光产生。
- 辅光的亮度、范围都要小于主光，并且不会产生高光。
- 背光多用于勾勒边缘，其亮度最低。

2. 工具分析

- 使用【Create（创建）】→【Lights（灯光）】→【Spot Light（聚光灯）】命令创建聚光灯。
- 使用【Create（创建）】→【Lights（灯光）】→【Ambient Light（环境光）】命令创建环境光。

3. 通过本任务的制作，要求掌握以下内容

- 创建聚光灯、环境光命令。
- 设置灯光属性。
- 主光最亮、辅光其次、背光亮度最低。

任务实施

具体操作步骤如下。

（1）执行【File（文件）】→【Open Scene（打开场景）】命令，打开素材文件 "project6/Cartoon_Femail/scenes/Cartoon_Femail.mb"。

（2）执行【Create（创建）】→【Cameras（摄影机）】→【Camera（摄影机）】命令，在场景中创建摄影机对象，执行视图菜单中的【Panels（面板）】→【Perspective（透视）】→【Camera1（摄影机1）】命令，将视图切换为摄影机视图。

（3）调整摄影机的观察角度，将焦点集中在角色头部位置，如图 4-3 所示。

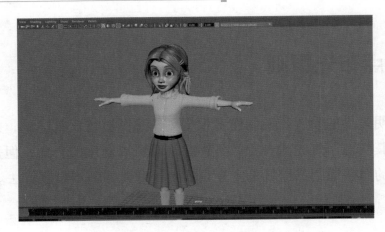

图 4-3　调整摄影机的观察角度

（4）执行【Create（创建）】→【Lights（灯光）】→【Spot Light（聚光灯）】命令，在场景中创建聚光灯。

（5）执行【View（视图）】→【Panels（面板）】→【Look Through Selected（沿选定对象观看）】命令，将当前视图切换为以聚光灯角度观察场景的视图模式，并将聚光灯调整为水平方向偏左，垂直方向偏上的照射位置。调整聚光灯的照明方向如图 4-4 所示。

（6）选择聚光灯对象，按【Ctrl+A】组合键，打开聚光灯属性设置面板，在【Spot Light Attributes（聚光灯属性）】选项栏中调整【Penumbra Angle（半影角度）】参数值为 30。聚光灯属性选项栏如图 4-5 所示。

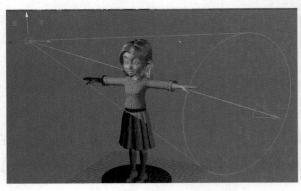

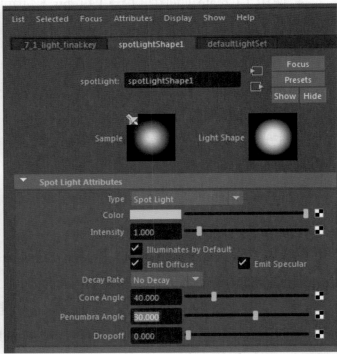

图 4-4　调整聚光灯的照明方向　　　　　　图 4-5　聚光灯属性选项栏

（7）执行【Create（创建）】→【Lights（灯光）】→【Spot Light（聚光灯）】命令，在场

景中创建聚光灯对象，并调整灯光的放置位置和照射方向，使其从上向下进行照射来对角色进行补光处理。调整聚光灯的照明方向如图 4-6 所示。

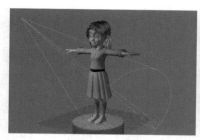

图 4-6　调整聚光灯的照明方向

（8）在聚光灯属性编辑面板中调整【Intensity（强度）】参数值为 2，【Penumbra Angle（半影角度）】参数值为 30，单击状态行中的■按钮来对场景照明渲染效果进行测试。调整聚光灯的照明强度如图 4-7 所示。

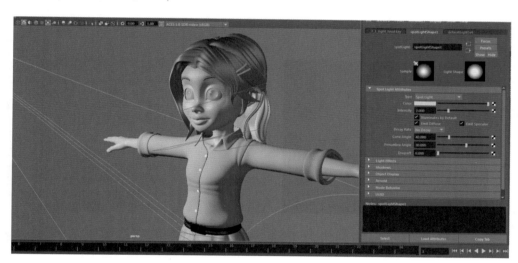

图 4-7　调整聚光灯的照明强度

（9）选择场景中作为主光的"Spotlight1"对象，在属性编辑面板中勾选【Use Depth Map Shadows（使用深度贴图阴影）】复选框，并调整【Resolution（分辨率）】参数值为 2048，【Filter Size（过滤器大小尺寸）】参数值为 10，对场景照明渲染效果进行测试。开启深度贴图投影效果如图 4-8 所示。

（10）在场景中创建【Spot Light（聚光灯）】对象，将视图观察方式切换为灯光穿越视图，对灯光照射位置进行调整，将其定位在主光与摄影机相对的位置，并调整【Intensity（强度）】参数值为 0.3，其作用是勾勒角色的轮廓，对场景照明渲染效果进行测试。调整背光的照明效果如图 4-9 所示。

（11）执行【Create（创建）】→【Lights（灯光）】→【Ambient Light（环境光）】命令，在场景中创建环境光对象，并在任意位置放置灯光图标，在属性设置面板中调整【Intensity

（强度）】参数值为 1.75，【Ambient Shade（环境明暗处理）】参数值为 0.2，模拟场景中的光线漫反射效果，对场景照明渲染效果进行测试。环境光照明效果如图 4-10 所示。

图 4-8　开启深度贴图投影效果

图 4-9　调整背光的照明效果

图 4-10　环境光照明效果

（12）选择作为主光源的"Spotlight1"对象，在属性编辑面板中勾选【Use Ray Trace Shadows（使用光线跟踪阴影）】复选框，并调整【Light Radius（阴影半径）】参数值为0.1，【Shadow Rays（阴影光线数）】参数值为10。开启光线跟踪阴影如图4-11所示。

（13）单击状态行中的■按钮，打开【Render Settings（渲染设置）】面板，设置【Render Using（使用的渲染器）】为Maya Soft ware，单击【Maya Software（Maya软件）】选项卡，并在选项面板的【Raytracing Quality（光线跟踪质量）】选项栏中勾选【Raytracing（光线跟踪）】复选框，如图4-12所示，设置完成后对场景进行渲染，最终效果如图4-13所示。

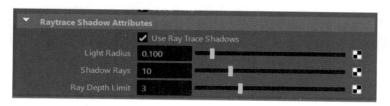

图4-11　开启光线跟踪阴影

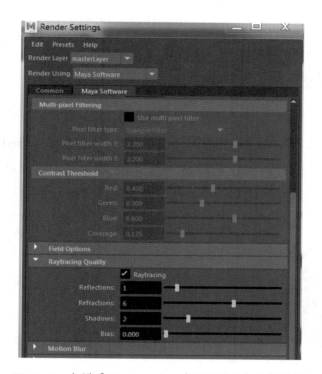

图4-12　勾选【Raytracing（光线跟踪）】复选框

图4-13　最终渲染效果

 ## 新知解析

1. 创建灯光

（1）通过菜单命令创建。

创建灯光的方法很简单，可以直接执行【Create（创建）】→【Lights（灯光）】命令，在弹出的子菜单中选择需要的灯光类型即可。【Lights（灯光）】子菜单如图4-14所示。

图 4-14 【Lights（灯光）】子菜单

（2）通过工具架创建。

在工具架中，切换到【Rendering（渲染）】选项卡，然后在下面的工具架中选择合适的灯光类型，单击相应的灯光图标即可创建相应类型的灯光。使用工具架创建灯光如图 4-15 所示。

图 4-15 使用工具架创建灯光

在创建完灯光后，选择需要调整的灯光，可执行【Panels（面板）】→【Look Through Selected（沿选定对象观看）】命令，进入灯光视图对灯光进行位置、角度等调整，沿选定灯光视角观看如图 4-16 所示。灯光视图实际上就是一个特殊的摄影机视图，调整方法和摄影机视图一样。这种调整方法在实际制作中经常使用。

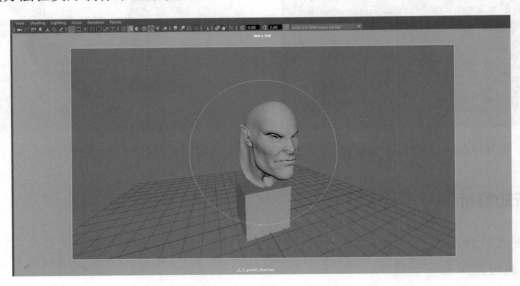

图 4-16 沿选定灯光视角观看

2. 灯光的属性

灯光的属性可以在通道栏和属性编辑器中设置，用于改变灯光的照射效果。

如果要修改灯光的属性，那么可以先选择灯光，然后按【Ctrl+A】组合键打开灯光的属性编辑器面板进行设置，如图 4-17 所示。

因为这 6 种灯光类型中聚光灯的属性最多，也最具有代表性，下面以聚光灯的属性为例，介绍设置灯光属性的方法。

在属性面板的【spotLight（聚光灯）】文本框中可以修改灯光的名称，如图 4-18 所示。

【Sample（示例）】和【Light Shape（灯光形状）】缩略图用于显示灯光的强度和灯光的形状，在调整灯光的各种参数时可实时地观察它的效果，如图 4-19 所示。

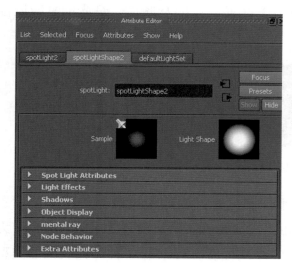

图 4-18 修改灯光的名称

图 4-17 灯光的属性编辑器面板

图 4-19 灯光的强度取样和灯光的形状

下面介绍对话框中聚光灯的常用选项和参数设置。

1）【Spot Light Attributes（聚光灯属性）】面板

（1）【Type（类型）】选项：在【Type（类型）】下拉列表中可以随意更换灯光类型。灯光类型如图 4-20 所示。

图 4-20 灯光类型

（2）【Color（颜色）】选项：在【Color（颜色）】下拉列表中可以设置灯光的颜色。单击【Color（颜色）】右侧的色块，在弹出的【Color Chooser（颜色选择器）】对话框中选择所需要的颜色。单击【Color（颜色）】选项右侧的■按钮，可以创建渲染节点。

（3）【Intensity（强度）】选项：该选项用于控制灯光的照明强度，当值为 0 时表示不产生灯光照明效果。

当灯光强度为负值时，会照射出一个黑影，可以去除灯光照明。在实际应用中可以局部减弱灯光的强度。

①【Illuminates by Default（默认照明）】选项：该选项若打开，则灯光将照亮场景中的所有物体；若关闭，则不照亮任何物体。

②【Emit Diffuse（发射漫反射）】选项：该选项默认处于选中状态，用于控制灯光的漫反射效果，若此项关闭则只能看到物体的镜面反射，中间层次将不被照明。通过设置该项可以制作一盏只影响镜面高光的特殊灯光。

③【Emit Specular（发射镜面反射）】选项：该选项默认处于选中状态，用于控制灯光的镜面反射效果，一般在制作辅光的时候通常关闭此项才能获得更合理的效果，即让物体在暗部区域无强烈的镜面高光。

（4）【Decay Rate（衰退速率）】选项：该选项用于设置灯光的衰减度。灯光的衰减属性设置如图4-21所示。

图4-21　灯光的衰减属性设置

此属性仅用于区域光、点光源和聚光灯，用于控制灯光亮度随距离减弱的速率。设置【Decay Rate（衰退速率）】选项对小于1个单位的距离没有影响，默认设置为【No Decay（无衰退）】，这个值还控制着雾亮度随着灯光源的距离的衰减程度。有以下4种灯光衰减的类型可供选择。

①【No Decay（无衰退）】选项：光照的物体无论距离光源远近，其亮度都一样，没有变化，效果不如衰减的真实。但在有些情况下，也可以做出真实的输出。例如，场景的光是从窗户透过来的，这种情况下通常不用任何衰减，模拟太阳光比衰减的效果好。

②【Linear（线性）】选项：灯光亮度随着距离而直接以线性方式下降（比真实世界灯光要慢），使光线和黑暗之间的梯度比现实中更平均。线性衰减就是设置一段距离，使光线在这一段内完全衰减，从光源处到这段距离的终点亮度均匀地过渡到0。这种衰减不太真实，但是速度相对快。若设置为该项，则一般灯光的强度要比原来加大几倍左右才能看到效果。

③【Quadratic（二次方）】选项：现实中的衰减方式，若设置为此项，则一般灯光的强度要比原来加大几百倍才能看到效果。

④【Cubic（立方）】选项：随距离的立方比例衰减，若设置为此项，则一般灯光的强度要比原来加大几千倍才能看到效果。

（5）【Cone Angle（圆锥体角度）】选项：该选项用于控制聚光灯的照射范围，单位为度，有效范围是0.006～179.994，默认为40。圆锥角属性栏如图4-22所示。

图 4-22 圆锥角属性栏

在实际运用中应该尽量合理利用聚光灯的角度，不要设置太大，以免使深度贴图的阴影部分精度不够，从而在制作动画时阴影出现错误。

（6）【Penumbra Angle（半影角度）】选项：在边缘将光束强度以线性的方式衰减为 0°，单位为度，其有效范围是-179.994～179.994，滑块范围为-10～10，默认 0。如图 4-23 所示分别是半影角为 0°、10°、-10° 时的灯光投射状态。

图 4-23 半影角度为 0°、10°、-10° 时的灯光投射状态

（7）【Dropoff（衰减）】选项：该选项用于控制灯光强度从中心到边缘减弱的速率，有效范围是 0 到无限大，滑块范围为 0～255，为 0 时无衰减。该选项通常配合【Penumbra Angle（半影角度）】选项使用。

除了以上所说的常用灯光属性，还有下面一些是其他类型灯光所特有的属性。

（1）环境光所特有的属性。

【Ambient Shade（环境光明暗处理）】选项：用于控制环境灯照射的方式，如图 4-24 所示为值为 0 时的照明效果，此时灯光来自所有的方向；如图 4-25 所示为值为 1 时的照明效果，此时灯光来自环境灯所在的位置，类似于点光源；如图 4-26 所示为值为 0.5 时的照明效果。一般使用环境灯时，场景将会变得平淡没有层次，在实际制作时要慎用。

图 4-24 值为 0 时的照明效果

图 4-25 值为 1 时的照明效果

（2）体积光所特有的属性。

①【Light Shape（灯光形状）】选项：用于设置灯光的物理形状，包括【Box（长方体）】、【Sphere（球体）】、【Cylinder（圆柱体）】及【Cone（圆锥体）】4 种形状，其中【Sphere（球

体）】是默认的形状。

图 4-26　值为 0.5 时的照明效果

②【Color Range（颜色范围）】选项：用于设置某个体积内从中心到边缘的颜色，通过设置右侧色带上的值可以定义光线发生渐减或改变颜色，其中色带上右侧滑块用于定义容积中心光线颜色，左侧滑块用于定义边界颜色。体积光的颜色范围属性如图 4-27 所示。

● 【Selected Position（选定位置）】选项：用于设置渐变图中活动颜色条目的位置。

● 【Selected Color（选定颜色）】选项：用于设置活动颜色条目的颜色，单击色块可打开颜色拾取器。

● 【Interpolation（插值）】选项：用于控制渐变图中颜色的混合方式，决定颜色过渡的平滑程度，包括【None（无）】、【Linear（线性）】、【Smooth（平滑）】、【Spline（样条线）】4种过渡方式。一般默认设置为【Linear（线性）】，建议采用【Spline】过渡方式，会更为细腻。

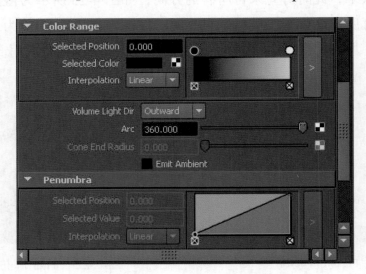

图 4-27　体积光的颜色范围属性

● 【Volume Light Dir（体积光方向）】选项：用于设置体积中灯光的方向，包括【Outward（向外）】、【Inward（向内）】选项和【Down Axis（向下轴）】选项。

灯光 第4章

【Outward（向外）】选项：用于设置光线从物体的中心发出，它的行为类似于点光源。

【Inward（向内）】选项：用于设置灯光方向向中心移动。

【Down Axis（向下轴）】选项：灯光方向是灯光中心轴的下方向，它的行为类似于平行光。

提示：除【Outward（向外）】方式之外方向的阴影将无法正常工作。发射镜面反射对于内向灯光无任何影响。

● 【Arc（弧）】选项：该选项可通过指定旋转的角度创建球形、圆锥形或圆柱形灯光的一部分。可以从0°～360°，最常用的默认值是180°～360°。此选项不能应用于箱形灯，即长方体灯光形状。

● 【Cone End Radius（圆锥体结束半径）】选项：该选项仅用于圆锥形灯光，值为1代表圆柱体，值为0代表圆锥体。

● 【Emit Ambient（发射环境光）】选项：开启此选项则灯光会从多个方向影响曲面，默认设置为禁用。

③【Penumbra（半影）】选项：该选项仅适用于圆锥体和圆柱体灯光形状，包含用于处理半阴影的属性。调整图表可调整光线的蔓延和陡降，左侧表示圆锥体或圆柱体边缘之外的光线强度，右侧表示从光束中心到边缘的光线强度。

2）【Light Effects（灯光特效）】面板

（1）【Light Fog（灯光雾）】选项。

以聚光灯为例，选择灯光，打开【Light Effect（灯光特效）】面板，单击【Light Fog（灯光雾）】右侧的■按钮，系统将自动创建一个【Cone Shape（圆锥形状）】节点，如图4-28所示。

图4-28 【Light Effect（灯光特效）】面板

执行【Window（窗口）】→【Rendering Editors（渲染编辑器）】→【Hypershade（材质编辑器）】命令，打开【Hypershade（材质编辑器）】窗口，选择【Lights（灯光）】选项卡，选中被创建灯光雾的灯光，然后单击■按钮即可看到coneShape1节点，如图4-29所示。

单击【Light Fog（灯光雾）】选项右侧的■按钮，如图4-30所示，可进入【Light Fog Attributes（灯光雾属性）】面板，如图4-31所示。

①【Color（颜色）】选项：用于设置灯光雾的颜色。需要注意的是，灯光的颜色也会影响被照亮雾的颜色，而雾的颜色不会对场景中的物体有照明作用。

②【Density（密度）】选项：用于设置雾的密度。密度越高，雾中或雾后的物体就会变得越模糊，同时密度会影响到雾的亮度。

③【Color Based Transparency（基于颜色的透明度）】复选框：勾选该复选框，则雾中雾后的物体模糊程度将基于【Density（密度）】和【Color（颜色）】的值。

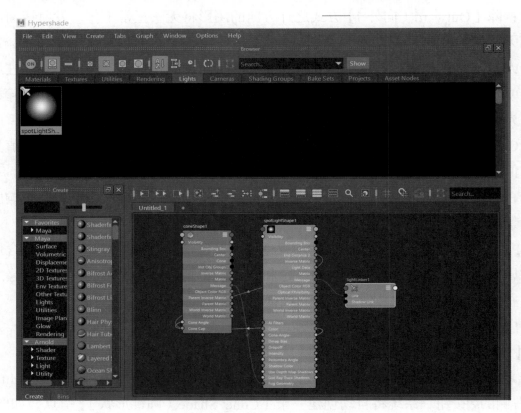

图 4-29　coneShape1 节点

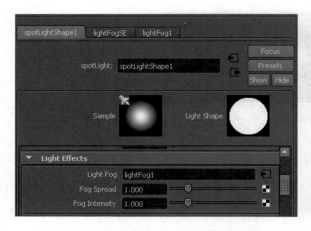

图 4-30　单击【Light Fog（灯光雾）】选项右侧的按钮

图 4-31　【Light Fog Attributes（灯光雾属性）】面板

④【Fast Drop Off（快速衰减）】选项：若选中该选项，则雾中的所有物体都会产生同样的模糊，模糊取决于【Density（密度）】值的设置；若不选中该选项，则雾中的各个物体均会

084

产生不同程度的模糊，并且模糊程度由【Density（密度）】值以及物体和摄影机的距离决定，远离摄影机的物体可能会模糊得很厉害，此时要酌情考虑减少【Density（密度）】值。

（2）【Fog Spread（雾扩散）】选项。

该选项控制灯光雾的传播面积。【Fog Spread（雾扩散）】值越大，所产生的雾亮度越均匀、越饱和，值为 5 时灯光雾的传播面积如图 4-32 所示；【Fog Spread（雾扩散）】值越小，所产生的雾在聚光灯光束中心部分越亮，到边缘逐渐模糊，值为 0.5 时灯光雾的传播面积如图 4-33 所示。

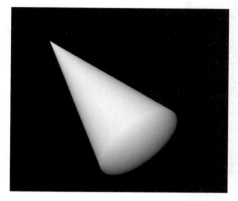

图 4-32　值为 5 时灯光雾的传播面积

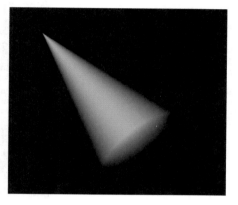

图 4-33　值为 0.5 时灯光雾的传播面积

灯光雾在纵向上的衰减可在【Decay Rate（衰退速率）】选项中设置。灯光雾的衰减设置参数和效果如图 4-34 所示。

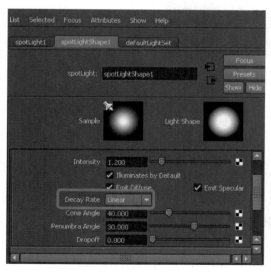

（a）参数

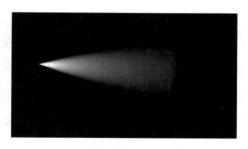

（b）效果

图 4-34　灯光雾的衰减设置参数和效果

（3）【Fog Intensity（雾密度）】选项。

雾的强度值越大，雾将越亮、越浓（灯光的强度也影响照明雾的亮度）。

（4）【Light Glow（灯光辉光）】选项。

仅用于点光源、聚光灯和体积光，用来模拟辉光、光晕或镜头光斑等类似发光效果。

单击【Light Glow（灯光辉光）】选项右侧的■按钮，Maya 自动创建一个光学 FX 节点，并将其连接到灯光上。进入此节点，单击【Light Glow（灯光辉光）】选项右侧的■按钮，打开如图 4-35 所示的灯光辉光的属性面板，调整相应的参数。

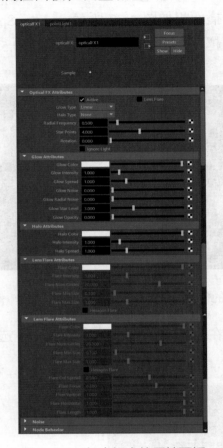

图 4-35 灯光辉光的属性面板

【opticalFX（光学 FX）】的参数虽然很多，但是很容易理解。其参数主要由以下 5 部分组成。

①【Optical FX Attributes（光学效果属性）】面板：主要用于调整【Glow Type（辉光类型）】、【Halo Type（光晕类型）】、【Star Points（星形点）】以及【Rotation（旋转）】等参数。

提示：勾选【Active（活动）】复选框后才能渲染出灯光辉光。

②【Glow Attributes（辉光属性）】面板：主要用于调节发光的属性，包括以下几个选项。

● 【Glow Color（辉光颜色）】：主要用于设置发光的颜色。

● 【Glow Intensity（辉光强度）】：主要用于设置发光的强度。

● 【Glow Spread（辉光扩散）】：主要控制发光的大小。

● 【Glow Radial Noise（辉光径向噪波）】：主要控制辉光的随机扩散，产生长短不一的效果。

● 【Glow Star Level（辉光星形级别）】：模拟摄影机星形过滤器的效果。

- 【Glow Opacity（辉光不透明度）】：控制灯光辉光暗显对象的程度。

③【Halo Attributes（光晕属性）】面板：主要调整【Halo Color（光晕颜色）】、【Halo Intensity（光晕强度）】、【Halo Spread（光晕扩散）】参数，控制光晕效果的大小。

④【Lens Flare Attributes（镜头光斑属性）】面板：用于设置镜头耀斑光圈的颜色、强度、数目、尺寸、聚焦等参数。该面板中的参数只有在勾选【Optical FX Attributes（光学 FX 属性）】面板中的【Lens Flare（镜头光斑）】复选框时才有效。

- 【Flare Color（光斑颜色）】：用于设置光斑的颜色。
- 【Flare Intensity（光斑强度）】：用于设置光斑的强度。
- 【Flare Num Circles（光斑圈数）】：用于设置光斑的圈数。
- 【Flare Min Size（光斑最小值）】：用于设置最小的光斑尺寸。
- 【Flare Max Size（光斑最大值）】：用于设置最大的光斑尺寸。
- 【Hexagon Flare（六边形光斑）】：可以将光斑变成正六边形。
- 【Flare Col Spread（光斑颜色扩散）】：用于控制颜色传播。
- 【Flare Focus（光斑聚焦）】：用于设置聚焦，值越小越虚化。
- 【Flare Vertical（光斑垂直）】：用于设置在垂直方向的角度。
- 【Flare Horizontal（光斑水平）】：用于设置在水平方向的角度。
- 【Flare Length（光斑长度）】：用于设置光斑的长度。

⑤【Noise（噪波）】面板：主要用于添加噪波效果。

3）【Shadows（阴影）】面板

阴影是灯光设计中的重要组成部分，它和光照本身同样重要。灯光阴影可增强场景的真实感、色彩丰富的层次及图像的明暗效果，它可以将场景中各种物体更紧密地结合在一起，改善场景的有机构成。

灯光阴影包括两种类型：【Depth Map Shadow Attributes（深度贴图阴影属性）】和【Raytrace Shadow Attributes（光线跟踪阴影属性）】，在实际应用中两者只能选其一。【Shadow（阴影）】面板如图 4-36 所示。

图 4-36 　【Shadow（阴影）】面板

（1）【Depth Map Shadow Attributes（深度贴图阴影属性）】面板。

深度贴图阴影是一种模拟的算法，它描述了从光源到灯光照亮对象之间的距离。深度贴图文件包中包含一个深度通道。深度贴图中每个像素都代表了在指定方向上，从灯光到最近的投射阴影之间的距离。

（2）【Raytrace Shadow Attributes（光线跟踪阴影属性）】面板。

创建光线追踪阴影时，Maya 会根据摄影机到光源之间运动的路径对灯光光线进行跟踪计算，大部分情况下光线追踪阴影能提供非常好的效果，但同时也非常耗费时间。

光线追踪能产生深度贴图无法产生的效果，如透明对象产生的阴影；但光线追踪产生边缘柔和的阴影是非常耗时的，若需要得到这样的阴影，则一般用深度贴图阴影来模拟。

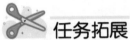

任务拓展

灯光雾效的制作

具体操作步骤如下。

（1）建立新场景，如图 4-37 所示。

图 4-37　建立新场景

（2）在场景中创建【Spot Light（聚光灯）】对象，选择灯光并切换至沿选定对象观看，调整聚光灯的照明方向，如图 4-38 所示。

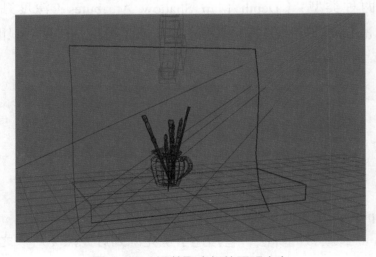

图 4-38　调整聚光灯的照明方向

（3）在属性编辑面板的【Shadows（阴影）】选项栏中勾选【Use Depth Map Shadows（使

用深度贴图阴影）】复选框，并对场景进行测试渲染。开启深度贴图阴影如图 4-39 所示。

图 4-39 开启深度贴图阴影

（4）在【Light Effects（灯光特效）】选项栏中单击【Light Fog（灯光雾）】选项右侧的█按钮，将产生用于和灯光节点相连接的灯光雾节点，在属性编辑器中显示出来。创建灯光雾节点如图 4-40 所示。

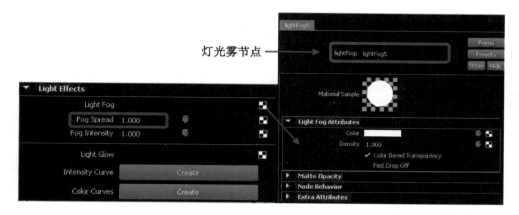

图 4-40 创建灯光雾节点

（5）在【Light Fog Attributes（灯光雾节点属性）】面板中调整【Density（密度）】参数值为 2，对场景进行测试渲染，渲染的灯光雾效果如图 4-41 所示。

图 4-41 渲染的灯光雾效果

三维动画设计软件应用（Maya 2022）

 任务总结

（1）对场景进行照明效果的设置遵循三点布光的照明原则，也就是主光、辅光、背光的基本设置方法。

（2）主光的亮度倍数应该是所有灯光中最强的，所以物体的阴影也主要由主光投射产生。辅光主要修饰主光照射不到的位置，改善物体的明暗过渡。辅光的照明强度应该低于主光的照明强度，否则会造成主次不分的情况。背光是在摄影机与主光相对位置用于勾勒物体轮廓的光源，强度应该比辅光更低一些。

（3）一般主光源投射出的阴影比较清晰，对比度也比较大。辅光一般使用软阴影，尽量保证画面的逻辑关系。辅光在不需要使用阴影的情况下尽量不要用，因为太多的光有阴影会使场景不易控制，出现问题时难以处理，特别是比较复杂的场景。

（4）灯光雾效仅用于点光源、聚光灯和体积光。

（5）灯光阴影：【Depth Map Shadow Attributes（深度贴图阴影）】和【Raytrace Shadow Attributes（光线跟踪阴影）】的创建。

任务评估

任务　评估表

	任务　评估细则	自评	教师评价
1	灯光的创建		
2	三点布光原则		
3	灯光阴影的创建		
任务综合评估			

第 5 章
摄 影 机

摄影机是用户观察和渲染场景的窗口，渲染输出的过程被认为是将摄影机镜头中所观察到的三维场景转换为二维场景的过程，因此摄影机视图的观察角度将决定最终输出图像的观察角度。摄影机视图如图 5-1 所示。

图 5-1　摄影机视图

通过对本章的学习，将学到以下内容。

① 认识摄影机。

② 认识和掌握摄影机属性。

③ 认识摄影机动画。

任务　摄影机的景深效果

真实的摄影机有一个聚焦范围，这个范围被称为【Depth of Field（景深）】，在景深范围内的物体会比较清晰，而在范围外的物体，无论是太近还是太远都是模糊的，在 Maya 的默认情况下，无论物体离摄影机的距离远近都将处于聚焦状态而产生清晰的图像效果。另外，也可以通过摄影机的景深设置来模拟专注于某一特定区域的图像效果。景深效果如图 5-2 所示。

图 5-2　景深效果

 ## 任务分析

1. 制作分析

● 使用【Camera（摄影机）】命令创建摄影机。

● 打开属性编辑面板，调节摄影机属性。

2. 工具分析

● 使用【Create（创建）】→【Cameras（摄影机）】→【Camera（摄影机）】命令创建摄影机。

● 切换到摄影机视图，【Panels（面板）】→【Perspective（透视）】→【Camera1（摄影机 1）】。

● 按【Ctrl+A】组合键打开属性编辑面板。

● 开启景深选项，在属性面板的【Depth of Field（景深）】选项栏中勾选【Depth of Field（景深）】复选框。

● 调整【Focus Distance（聚焦距离）】、【F Stop（F 制光圈）】的参数值。

3. 通过本任务的制作，要求掌握以下内容

● 学会创建摄影机。

● 学会切换摄影机视图。

● 学会打开并编辑摄影机属性。

 ## 任务实施

具体操作步骤如下。

（1）执行【File（文件）】→【Open（项目）】命令，打开素材文件 "Project 5/scenes/ camera.mb"。

（2）执行【Create（创建）】→【Cameras（摄影机）】→【Camera（摄影机）】命令，在场景中创建摄影机，如图 5-3 所示。

（3）切换摄影机视图，在视图菜单中执行【Panels（面板）】→【Perspective（透视）】→【camera1（摄影机 1）】命令，如图 5-4 所示。

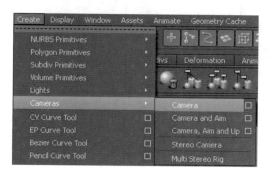

图 5-3　在场景中创建摄影机

图 5-4　切换摄影机视图

（4）打开属性编辑面板，执行【View（视图）】→【Select Camera（选择摄影机）】命令，按【Ctrl+A】组合键打开属性编辑面板。

（5）在属性编辑面板的【Depth of Field（景深）】选项栏中，勾选【Depth of Field（景深）】复选框，并在默认情况下进行测试渲染，如图 5-5 所示。

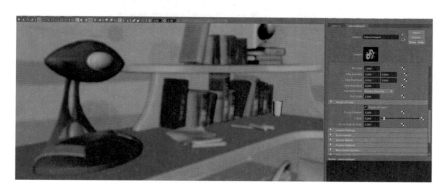

图 5-5　勾选【Depth of Field（景深）】复选框

（6）在【Depth of Field（景深）】选项栏中调整【Focus Distance（聚焦距离）】参数值，改变景深范围最远点和摄影机之间的距离，参考参数 70、150，调整聚焦距离，如图 5-6 所示。

图 5-6　调整聚焦距离

（7）在【Depth of Field（景深）】选项栏中调整【F Stop（F 制光圈）】参数值改变景深范围的大小，参考参数 5、20，调整聚焦范围，如图 5-7 所示。

图 5-7　调整聚焦范围

（8）根据自己的爱好设定景深效果。

 新知解析

1. 摄影机类型

摄影机类型如图 5-8 所示。

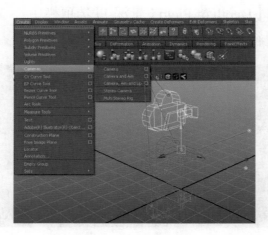

图 5-8　摄影机类型

（1）【Camera（摄影机）】：仅通过一个节点来控制摄影机的位置和方向，通常用于渲染单帧图像以及在不需要对摄影机进行运动的情况下使用。

（2）【Camera and Aim（摄影机和目标）】：通过两个节点来控制摄影机的位置和方向，可以用来模拟复杂的摄影机运动，可以控制观察点。

（3）【Camera，Aim，and Up（摄影机、目标和上方向）】：通过三个节点来控制摄影机的位置和方向，可以用来模拟复杂的摄影机运动，包括观察点和摄影机的顶方向的控制。

2. 摄影机的主要属性

（1）基础属性——Camera Attributes（摄影机属性），其面板如图 5-9 所示。

① 【Angle of View（视角）】：决定了镜头中物体的大小。

② 【Focal Length（焦距）】：镜头中心至胶片的距离。

③ 【Camera Scale（摄影机比例）】。

④ 【Near Clip Plane（近剪裁平面）】：以距离为基准。

⑤ 【Far Clip Plane（远剪裁平面）】：以物体为基准。

图 5-9 【Camera Attributes（摄影机属性）】面板

（2）影片属性——Film Back（胶片背），其面板如图 5-10 所示。

① 【Film Gate（胶片门）】：代表摄影机所真实观察到的场景范围。

② 【Camera Aperture（摄影机光圈）】：设置摄影机 "胶片门" 的宽度和高度，进而影响【Angle of View（视角）】参数和【Focal Length（焦距）】参数之间的关系。

图 5-10 【Film Back（胶片背）】面板

③ 【Film Aspect Ratio（胶片纵横比）】：可以对摄影机的高宽比产生影响。

④ 【Lens Squeeze Ratio（镜头挤压比）】：影响摄影机的透镜水平压缩影像的程度。

（3）景深属性——Depth of Field（景深），其面板如图 5-11 所示。

① 【Focus Distance（聚焦距离）】：改变景深范围最远点与摄影机之间的距离。

② 【F Stop（F 制光圈）】：改变景深范围的大小。该参数通过控制摄影机的光圈进而影响景深范围，参数越小则景深范围越窄，反之，参数越大景深范围越宽。

图 5-11 【Depth of Field（景深）】面板

③ 【Focus Region Scale（聚焦区域比例）】：该参数值用来补偿场景中线性单位变化对景深效果产生的影响，可以控制失焦锐化度。参数值越小，景深以外的物体越模糊。

 任务拓展

摄影机路径动画

具体操作步骤如下。

（1）打开文件。执行【File（文件）】→【Open（打开）】命令，打开素材文件 "Project 5/

scenes/earth.mb"，如图 5-12 所示。

（2）绘制 CV 曲线。执行【Create（创建）】→【CV Curve Tool（CV 曲线工具）】命令，在【Top（顶）】视图中绘制 CV 曲线，如图 5-13 所示。

图 5-12　打开文件

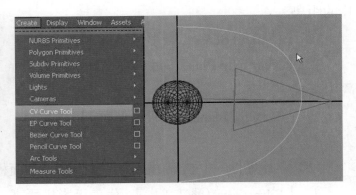

图 5-13　绘制 CV 曲线

（3）创建摄影机。执行【Create（创建）】→【Cameras（摄影机）】→【Camera（摄影机）】命令，在场景中创建摄影机。

（4）对齐摄影机。选择摄影机，按【Shift】键单击 CV 曲线进行加选，切换至【Animation（动画）】功能菜单组，执行【Caonstroin（约束）】→【Motion Paths（运动路径）】→【Attach to Motion Path（连接到运动路径）】命令，摄影机会自动对齐到曲线起始点的位置，如图 5-14 所示。

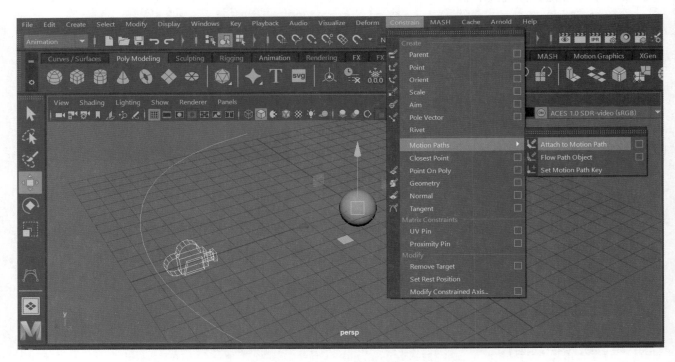

图 5-14　对齐摄影机

（5）播放效果。切换至【Top（顶）】视图，单击滑块区的▶按钮，对摄影机动画效果进行播放，如图5-15所示。

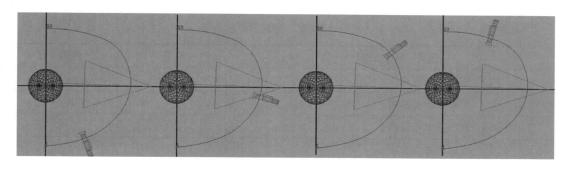

图5-15 播放效果

（6）调整摄影机。选择摄影机并对其旋转，或者在属性编辑器面板的【Motion Path Attributes（运动路径属性）】选项栏中调整【Front Axis（前方向轴）】或【Up Axis（上方向轴）】方式，可以将摄影机视角调整为需要的方向。

（7）播放动画，动画截图如图5-16所示。

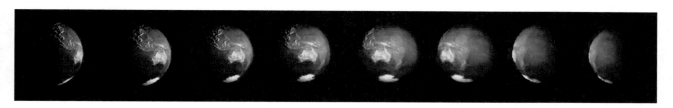

图5-16 动画截图

 任务总结

（1）使用【Create（创建）】→【Cameras（摄影机）】→【Camera（摄影机）】命令创建摄影机。

（2）切换到摄影机视图，【Panels（面板）】→【Perspective（透视）】→【Camera1（摄影机1）】。

（3）按【Ctrl+A】组合键打开属性编辑面板。

（4）开启景深选项，在属性面板的【Depth of Field（景深）】选项栏中勾选【Depth of Field（景深）】复选框，调整【Focus Distance（聚焦距离）】、【F Stop（F制光圈）】的参数值。

（5）对齐摄影机，选择摄影机，按【Shift】键单击CV曲线进行加选，切换至【Animation（动画）】功能菜单组，执行【Constrain（约束）】→【Motion Paths（运动路径）】→【Attach to Motion Path（结合到运动路径）】命令，摄影机会自动对齐到曲线起始点的位置。

任务评估

任务　评估表

任务　评估细则		自评	教师评价
1	摄影机的创建		
2	切换摄影机视图		
3	调节摄影机属性		
4	摄影机景深效果		
5	摄影机路径动画		
任务综合评估			

第 6 章

材　质

材质是用来描述物体如何反射和投射光线的手段，而在直观效果上则体现为物体表面是光滑的还是粗糙的、是带有光泽的还是暗淡无光的、是否带有发光效果、是否既有反射又有折射，以及是否透明和半透明效果的表现等。三维制作时，通常将物体的外观表现统一称为材质，但实际上材质是由质感和纹理两个基本内容所组成的。质感是指物体的基本物理属性，也就是通常所提到的金属质感、玻璃质感、皮肤质感等，而纹理是指物体表面的图案、凹凸和反射等。

通过对本章的学习，将学到以下内容。

① Hypershade（材质编辑器）的构成与功能。

② 高反光、低反光的物体材质。

③ Textures（纹理）类型及属性设置。

Hypershade（材质编辑器）Maya 材质的构成示意图如图 6-1 所示。

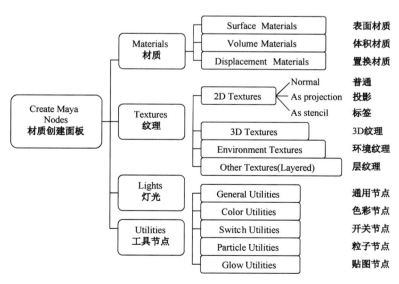

图 6-1　Hypershade（材质编辑器）Maya 材质的构成示意图

任务 1　制作玻璃杯的材质

在各类 3D 电影中，三维建模师们需要设计许多透明、半透明的材质，如玻璃杯、酒瓶等，还有光亮的金属等质感，这些材质可以通过改变反光强弱和透明度来实现，并通过光线追踪模拟真实的效果，还有很多物体是低反光的，如纸张、布匹等。本任务将简单快速地了解高反光物体和低反光物体的材质。制作玻璃杯的材质效果如图 6-2 所示。

图 6-2　制作玻璃杯的材质效果

任务分析

1. 制作分析

- 了解材质类型关系。
- 使用【Hypershade（材质编辑器）】命令创建材质节点。
- 使用属性编辑面板编辑材质属性。
- 对场景进行渲染。

2. 工具分析

- 打开【Window（窗口）】→【Rendering Editors（渲染编辑器）】→【Hypershade（材质编辑器）】窗口，创建材质节点。
- 选择编辑对象，按【Ctrl+A】组合键打开属性编辑面板。

3. 通过本任务的制作，要求掌握以下内容

- 学会打开【Window（窗口）】→【Rendering Editors（渲染编辑器）】→【Hypershade（材质编辑器）】窗口创建材质节点。
- 学会选择编辑对象，按【Ctrl+A】组合键打开属性编辑面板。

● 调整【Checker Attributes（棋盘格属性）】纹理颜色和【2d Texture Placement Attributes（2D 纹理放置属性）】的【Repeat UV（UV 向重复）】重复度。

● 了解属性面板的【Specular Shading（高光明暗）】、【Specular Color（高光颜色）】选项栏，调整【Cosine Power（余弦幂）】。

● 了解属性面板的【Common Material Attributes（通用材质属性）】选项栏，调整【Transparency（透明度）】。

● 了解属性面板的【Raytrace Options（光线追踪选项）】选项栏，调整【Refractive Index（折射率）】。

● 了解【Window（窗口）】→【Render Editors（渲染编辑器）】→【Render Setting（渲染设置）】窗口的【Maya Software（Maya 软件）】选项卡下的【Raytracing Quality（光线追踪质量）】选项栏中的【Raytracing（光线追踪）】选项和【Quality（质量）】选项的【Production Quality（产品质量）】类型。

● 了解属性面板设置【Ambient Color（环境色）】选项的 HSV 参数。

任务实施

具体操作步骤如下。

（1）打开文件。执行【File（文件）】→【Open（打开）】命令，打开素材文件 "Project 6/scenes/Cup.mb"。

（2）通过材质编辑器编辑材质。执行【Window（窗口）】→【Rendering Editors（渲染编辑器）】→【Hypershade（材质编辑器）】命令，创建 Phong 材质节点，将其赋予场景中的玻璃杯对象。Phong 材质赋予玻璃杯对象如图 6-3 所示。

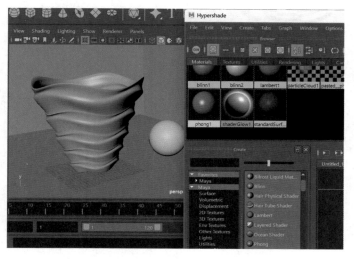

图 6-3 Phong 材质赋予玻璃杯对象

（3）选择场景的环境对象。在视图中按鼠标右键，在弹出的标记菜单中执行【Assign new

materials（指定新材质）】→【Lambert】命令，为其指定【Lambert】材质类型，按【Ctrl+A】组合键打开属性编辑面板或者单击右上方【show or hide the Attribute Editor（显示隐藏属性编辑器）】图标打开属性编辑面板，单击【Common Material Attributes（通用材质属性）】面板中的【Color（颜色）】右侧的■按钮，为其指定【checker1（棋盘格 1）】并对【Checker Attributes（棋盘格属性）】的颜色和【2d Texture Placement Attributes（2D 纹理放置属性）】的【Repeat UV（UV 向重复）】重复度进行适当调整。修改纹理颜色和重复度如图 6-4 所示。

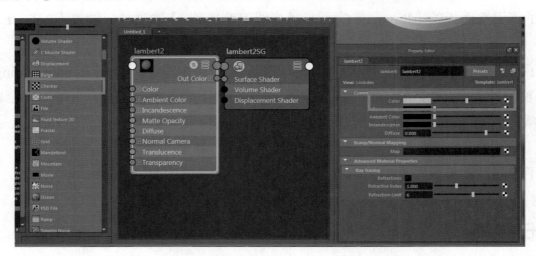

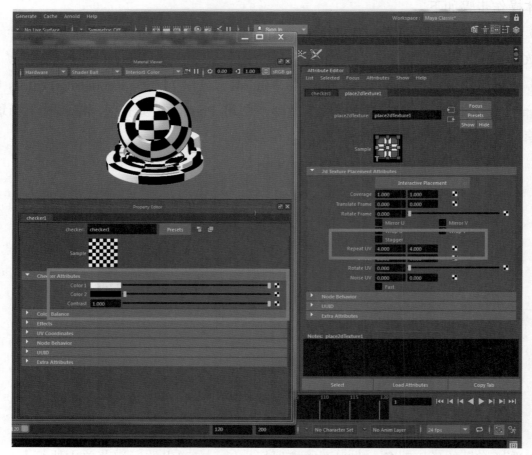

图 6-4　修改纹理颜色和重复度

（4）对场景进行测试渲染，观察玻璃杯基本材质效果。渲染的基本材质如图 6-5 所示。

图 6-5　渲染的基本材质

（5）选择场景中的玻璃杯对象，按【Ctrl+A】组合键打开属性编辑面板，在 Phong 材质属性面板的【Specular Shading（镜面反射着色）】选项栏中调整【Cosine Power（余弦幂）】参数值为 96，【Specular Color（镜面反射颜色）】选项为白色，并观察实时渲染更新的结果。

（6）在 Phong 材质属性面板的【Common Material Attributes（通用材质属性）】选项栏中调整【Transparency（透明度）】颜色为白色，并在渲染视图窗口再次渲染。修改镜面反射着色和透明度如图 6-6 所示。

（a）调整高光明暗的参数

（b）调整透明度的参数

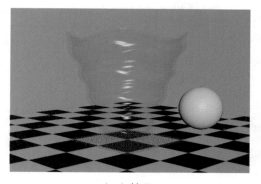

（c）效果

图 6-6　修改镜面反射着色和透明度

（7）在 Phong 材质属性面板的【Raytrace Options（光线跟踪选项）】中勾选【Refractions（折射）】复选框并调整【Refractive Index（折射率）】参数值为 1.5。修改折射率的参数如图 6-7 所示。

图 6-7　修改折射率的参数

（8）在【Window（窗口）】→【Render Editors（渲染编辑器）】→【Render Settings（渲染设置）】窗口的【Maya Software（Maya 软件）】选项卡下勾选【Raytracing Quality（光线跟踪质量）】选项栏中的【Raytracing（光线跟踪）】复选框，并在视图渲染窗口中单击 按钮对场景进行渲染。光线跟踪如图 6-8 所示。

（9）在 Phong 材质属性面板的【Specular Shading（镜面反射着色）】选项栏中调整【Reflectivity（反射率）】参数值为 0.2。

（10）在【Window（窗口）】→【Render Editors（渲染编辑器）】→【Render Settings（渲染设置）】窗口的【Maya Software（Maya 软件）】选项卡下，【Anti-aliasing Quality（抗锯齿质量）】栏目中【Quality（质量）】选项指定【Production quality（产品级质量）】类型，并对场景进行渲染。指定类型如图 6-9 所示。

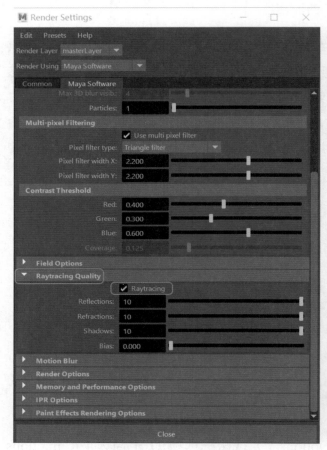

图 6-8　光线跟踪

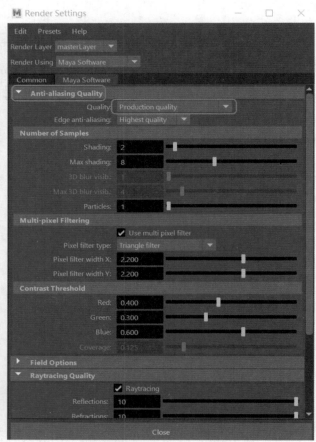

图 6-9　指定类型

 任务强化

制作玻璃杯中水的材质，水的材质效果如图 6-10 所示。

玻璃杯中水的材质与玻璃杯的材质是一样的，只是要调节颜色以模拟水的颜色，动手试试吧。

图 6-10　水的材质效果

 新知解析

1. Hypershade（材质编辑器）的构成

Hypershade（材质编辑器）是材质编辑的主要操作平台，可以方便查看和编辑节点、节点网络关系以及材质和纹理属性。

【Hypershade（材质编辑器）】面板包括菜单栏、工具栏、浏览器、"创建"选项卡、工作区和材质查看器，如图 6-11 所示。

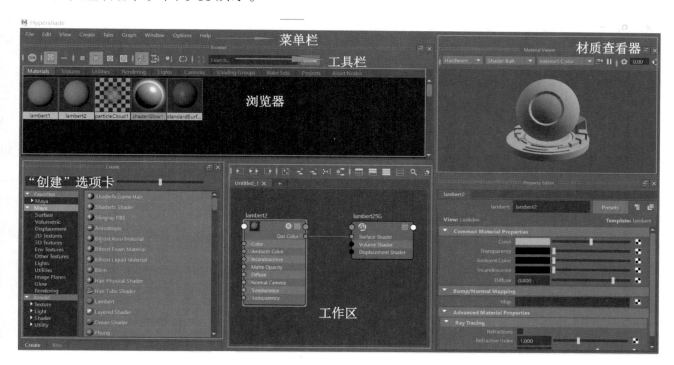

图 6-11　【Hypershade（材质编辑器）】面板

（1）菜单栏。

菜单栏中包含 Hypershade（材质编辑器）的所有命令，如图 6-12 所示。

图 6-12　菜单栏

① File（文件）：用于输入和输出场景或材质图形。使用该菜单中的命令可以输入或输出纹理、灯光和渲染后的场景。

② Edit（编辑）：【Edit（编辑）】菜单中的命令主要针对节点和节点网络进行编辑，这里主要了解【Delete Unused nodes（删除未使用节点）】、【Duplicate（复制）】、【Convert to file Texture（转化为文件纹理）】这三个重要命令。

● Delete Unused nodes（删除未使用节点）：用于删除那些没有指定给任何几何物体或粒子的节点或节点网络。

● Duplicate（复制）：复制节点命令分别有三种，即【Shading network（复制着色网络）】、【Without network（无网络）】、【With connections to network（已连接到网络）】。

● Convert to file Texture（转化为文件纹理）：将某材质或纹理转换成一个图像文件，该文件可以作为一个带 UV 坐标的文件贴图来替换原来的文件，用户可以将选择的材质节点、2D 或 3D 纹理转换为文件贴图。如果选择了【Shading group（阴影组）】节点，那么灯光信息也将同时被复制到图像中。

③ View（视图）：【View（视图）】菜单中的各命令如下。

● Frame All（框选全部）：在 Hypershade（材质编辑器）中显示所有材质节点，当节点过多时可使用此命令找到当前视图之外的其他节点。

● Frame Selected（框显选定项）：最大化显示选中的节点。方便用户观察、调整材质节点。

④ Create（创建）：在【Create（创建）】菜单中包含了 Hypershade（材质编辑器）中的主要内容。

⑤ Bookmarks（书签）：创建或删除书签，方便观察多套连接好的节点网络。

● Surface（表面材质）：包括 20 种表面材质类型，分别为【Shaderfx Game Hair（游戏头发着色器）】、【Shaderfx Shader（Shaderfx 着色器）】、【Stingray PBS（基于物理的着色器）】、【Anisotropic（各向异性）】、【Bifrost Aero Material（Bifrost Aero 材质）】、【Bifrost Foam Material（Bifrost 泡沫材质）】、【Bifrost Liquid Material（Bifrost 液体材质）】、【Blinn（布林）】、【Hair Physical Shader（头发物理着色器）】、【Hair Tube Shader（头发管着色器）】、【Lambert（兰伯特）】、【Layered Shader（分层着色器）】、【Ocean Shader（海洋着色器）】、【Phong（塑料材质）】、【Phong E（塑料 E 材质）】、【Ramp Shader（渐变着色器）】、【Shading Map（着色贴图）】、

【Standard surface（标准表面）】、【Standard Surface（表面着色器）】、【Use Background（使用背景）】。

● Volumetric materials（体积材质）：包括 6 种体积材质，分别为【Env Fog（环境雾）】、【Fluid Shape（流体形状）】、【Light Fog（灯光雾）】、【Particle Cloud（粒子云）】、【Volume Fog（体积雾）】、【Volume Shader（体积着色器）】。

● 2D textures（2D 纹理）：包括 15 种 2D 纹理与 3 种贴图方法。15 种 2D 纹理分别为【Bulge（凸起）】、【Checker（棋盘格）】、【Cloth（布料）】、【File（文件）】、【Fluid texture 2D（2D 流体纹理）】、【Fractal（分形）】、【Grid（栅格）】、【Mandelbrot（曼德勃罗集）】【Mountain（山脉）】、【Movie（影片）】、【Noise（噪波）】、【Ocean（海洋）】、【PSD file（PSD 文件）】、【Ramp（渐变）】、【Water（水波）】；3 种贴图方法分别为【Normal（普通）】、【AS project（投影）】和【AS stencil（选项卡）】。

● 3D textures（3D 纹理）：包括 14 种 3D 纹理，分别为【Brownian（布朗）】、【Cloud（云）】、【Grater（凹陷）】、【Fluid texture 3D（3D 流体纹理）】、【Granite（花岗岩）】、【Leather（皮革）】、【Mandelbrot 3D（3D 曼德勃罗集纹理）】、【Marble（大理石）】、【Rock（岩石）】、【Snow（雪）】、【Stucco（灰泥）】、【Solidfractal（匀值分形）】、【Volumenoise（体积噪波）】、【Wood（木材）】。

● Environment（环境纹理）：包括 5 种环境节点，分别为【Env Ball（环境球）】、【Env Chrome（环境铬）】、【Env Cube（环境立方体）】、【Env Sky（环境天空）】、【Env Sphere（环境球体）】。

● Layered Texture（分层纹理）：层纹理可以以不同的【Blend（混合）】模式把场景中已存在的 2 个或多个纹理合成在一起。

● Utilities（工具节点）：包括 4 种常用工具节点，分别为【General（常规工具）】、【Switch（开关工具）】、【Color（颜色工具）】、【Particle（粒子工具）】。

● Light（灯光）：包括 6 种灯光类型，分别为【Ambient（环境光）】、【Directional Light（平行光）】、【Point Light（点光源）】、【Spot Light（聚光灯）】、【Area Light（区域光）】、【Volume Light（体积光）】。

● Camera（摄影机）：包含摄影机和图像平面节点，选择此命令在场景中就会自动生成一台摄影机。

● Create Render Node（创建渲染节点）：打开有多个选项的窗口，将上述选项集合在一起的渲染节点的类型视窗。

● Create Option（创建选项）：该命令可以方便用户不必手动连接一些默认即连接的节点。

● Include Shading Group with Materials（包括带材质的着色组）：使用该命令，当用户创建一个材质球时系统会自动创建一个【Shading Group（阴影组）】与之连接。

● Include Placement with Textures（包括带纹理的放置）：使用该命令，在创建 2D 或 3D 纹理时会自动生成一个纹理坐标系与之连接。

⑥ Tabs（选项卡）：【Tabs（选项卡）】菜单中的各命令如下。

● Create New Tab（创建新选项卡）：使用该命令将弹出一个对话框，可设置新选项卡的名称、类型、内容属性。

● Tab type（选项卡类型）：包括 2 种选项卡类型，分别为【Scene（场景）】、【Disk（磁盘）】。

Scene（场景）：将新选项添加到场景材质组中。

Disk（磁盘）：将某一文件包中的材质文件调入选项卡，可以根据用户加入的文件类型进行选择。使用该命令会产生一个 Root Directory（根目录）路径，可以将指定的文件包调入。

● Show nodes which are（显示满足以下软件的节点）：选择该命令中自定义的显示类型。

单击【Create（创建）】按钮即可在 Top Bar 中生成一个新选项卡，用来显示场景样本，内容为材质类型。

● Move Tab Up（移动选项卡）：可以将所选中的选项卡进行上移、下移、左移和右移的变动。

● Move Tab Left（向左移动选项卡）。

● Move Tab Right（向右移动选项卡）。

● Rename Tab（重命名选项卡）：对新选项卡重新命名。

● Remove Tab（移除选项卡）：删除新建选项卡或默认的所有选项卡。

● Revert to Default Tabs（还原为默认选项卡）：利用该命令可以清除所有新建的选项卡。在执行该命令时，会弹出一个对话框，警示用户将失去新建的选项卡。

● Show Tab（显示选项卡）：用于显示选项卡。

● Show top and bottom tabs（显示上、下选项卡）：用于显示上、下选项卡。

⑦ Graph（图表）：【Graph（图表）】菜单中的常用命令如下。

● Graph Materials on selected Objects（为选定对象上的材质制图）：显示在场景中选择的某一个物体模型上的所有节点网络视图，前提是必须对其施加了材质节点。

● Clear Graph（清除图表）：清除 Hypershade（材质编辑器）工作区的所有节点。

● Rearrange Graph（重新排列图表）：利用该命令，可重新排列节点网络。

⑧ Window（窗口）：【Window（窗口）】菜单中的命令都为开启其他窗口的命令，主要包括【Attribute Editor（属性编辑器）】、【Attribute spread sheet（属性总表）】、【Connection Editor（连接编辑器）】和【Connect Selected（连接选定项）】命令。

● Attribute Editor（属性编辑器）：该命令显示所选节点的属性编辑器。还有一种更为便捷的方式就是选择节点后按【Ctrl+A】组合键即可调用。

● Attribute spread sheet（属性总表）：该命令可以对所选节点的多种属性在一个编辑栏中同时编辑。这些节点属性在 Channel box（通道盒）中也有对应。

● Connection Editor（连接编辑器）：该命令显示连接属性编辑器。将所选节点分别放置于输入列表和输出列表中，将其相关联的节点属性进行高亮显示，或者直接利用鼠标在节点图标中进行连接，这样就可以形成新的节点网络。

● Connect Selected（连接选定项）：该命令可以将所选择的任意节点属性在【Connection

Editor（关联编辑器）】的输出列表中显示。

⑨ Options（选项）：包括 Bins Sort Hypershade Nodes Only（仅存储箱排序 Hypershade 节点）、Keep Swatches at Current Resolution（以当前分辨率保持样例）、Swatch prefer batch images（样例首选批图像）、Show Relationship Connections（显示关系连接）、Merge Connections（合并连接）。

（2）工具栏。

常用工具栏如图 6-13 所示。

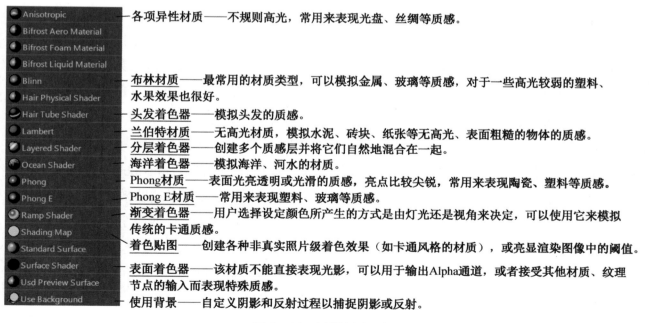

图 6-13　常用工具栏

（3）"创建"选项卡。

在 Maya 中，Surface（表面）的材质球是直接使用在模型表面上的，以模拟真实世界中不同质感的物体。材质创建面板如图 6-14 所示。

（4）浏览器。

此面板列出材质、纹理。

（5）工作区。

工作区是调配材质的重要平台，可以把它比作画家手中的调色板，材质节点的连接和图标都可以在这里看到。

Anisotropic	各项异性材质——不规则高光，常用来表现光盘、丝绸等质感。
Bifrost Aero Material	
Bifrost Foam Material	
Bifrost Liquid Material	
Blinn	布林材质——最常用的材质类型，可以模拟金属、玻璃等质感，对于一些高光较弱的塑料、水果效果也很好。
Hair Physical Shader	
Hair Tube Shader	头发着色器——模拟头发的质感。
Lambert	兰伯特材质——无高光材质，模拟水泥、砖块、纸张等无高光、表面粗糙的物体的质感。
Layered Shader	分层着色器——创建多个质感层并将它们自然地混合在一起。
Ocean Shader	海洋着色器——模拟海洋、河水的材质。
Phong	Phong材质——表面光亮透明或光滑的质感，亮点比较尖锐，常用来表现陶瓷、塑料等质感。
Phong E	Phong E材质——常用来表现塑料、玻璃等质感。
Ramp Shader	渐变着色器——用户选择设定颜色所产生的方式是由灯光还是视角来决定，可以使用它来模拟传统的卡通质感。
Shading Map	着色贴图——创建各种非真实照片级着色效果（如卡通风格的材质），或亮显渲染图像中的阈值。
Standard Surface	
Surface Shader	表面着色器——该材质不能直接表现光影，可以用于输出Alpha通道，或者接受其他材质、纹理节点的输入而表现特殊质感。
Usd Preview Surface	
Use Background	使用背景——自定义阴影和反射过程以捕捉阴影或反射。

图 6-14　材质创建面板

2. 材质的属性

材质基本属性主要有五大类：【Common Material Attributes（通用材质属性）】、【Specular

Shading（镜面反射着色）】、【Special Effects（特效效果）】、【Matte Opacity（蒙版不透明度）】和【Raytrace Options（光线跟踪选项）】。

（1）Common Material Attributes（通用材质属性）。

通用材质属性是指大部分的材质都具有的属性。基本上描述了物体表面视觉元素的大部分内容。

● Color（颜色）：设置材质的颜色，又称为漫反射颜色。在【Color Chooser（颜色选择器）】面板中精确调整。

● Transparency（透明度）：若透明度值为0（黑），则表面完全不透明；若透明度值为1（白），则表面为完全透明。

● Ambient Color（环境色）：默认为黑色，这时它并不影响材质的颜色。当环境色变亮时，它改变被照亮部分的颜色，并混合这两种颜色（主要是影响材质的阴影和中间调部分。它模拟环境对材质影响的效果，是一个被动的反映）。

● Incandescence（白炽度）：又称为白炽属性，模仿表面自发光的物体，并不能照亮别的物体，但在【Insight（日本渲匠）】渲染器中一旦启动了【Self Emission（光能发散）】属性，就会真的发光，其和【Ambient Color（环境色）】的区别为一个是被动受光，一个是本身主动发光。

● Bump Mapping（凹凸贴图）：设定物体表面的凹凸程度。通过对凹凸映射纹理的像素、颜色、强度的取值，在渲染时改变模型表面法线使其看上去产生了凹凸的感觉，实际上给予了凹凸贴图的物体的表面并没有改变。

● Diffuse（漫反射）：它描述的是物体在各个方向反射光线的能力。【Diffuse（漫反射）】值的作用是一个比例因子。应用于【Color（颜色）】设置，【Diffuse（漫反射）】值越高，越接近设置的表面颜色（它主要影响材质的中间调部分）。其默认值为0.8，可用值为0～∞。

● Translucence（半透明）：是指一种材质允许光线通过，但是并不是真正的透明的状态。这样的材质可以接受来自外部的光线，变得有通透感。常见的半透明材质有蜡、一定质地的布、纸张、模糊玻璃以及花瓣和叶片等。若设置物体具有较高的【Translucence（半透明）】值，这时应该降低【Diffuse（漫反射）】值以避免冲突。表面的实际半透明效果基于从光源处获得的照明，和它的透明性是无关的。但是当一个物体越透明时，其半透明和漫反射也会得到调节。环境光对半透明（或者漫反射）无影响。

● Translucence Depth（半透明深度）：设定材质的半透明深度。

● Translucence Focus（半透明焦距）：设定材质的半透明焦距。

（2）Specular Shading（镜面反射着色）。

它控制表面反射灯光或者表面炽热所产生的辉光的外观，对于【Lambert（兰伯特）】、【Phong（塑料）】、【Phong E（塑料E）】、【Blinn（布林）】、【Anisotropic（各向异性）】材质的用处很大。

①　Anisotropic（各向异性）：用于模拟具有细微凹槽的表面，并且镜面高光与凹槽的方向接近于垂直。

●　Angle（角度）：控制【Anisotropic（各向异性）】的高光方向。

●　Spread X 和 Spread Y（扩散 X/扩散 Y）：控制【Anisotropic（各向异性）】的高光在某方向的扩散程度，用这两个参数可以形成柱或锥状的高光。

●　Roughness（粗糙度）：控制高光粗糙程度。

●　Fresnel Index（菲涅耳系数）：控制高光强弱。

●　Specular Color（镜面反射颜色）：控制表面高光的颜色，黑色无表面高光。

●　Reflectivity（反射率）：控制反射能力的大小。

●　Reflected Color（反射的颜色）：通过添加环境贴图来模拟反射，减少渲染时间。

●　Anisotropic Reflectivity（各向异性反射率）：自动运算反射率。

②　Blinn（布林）：具有较好的软高光效果，有高质量的镜面高光效果。

●　Eccentricity（偏心率）：设定镜面高光的范围。

●　Specular Roll Off（镜面反射衰减）：控制表面反射环境的能力。

●　Specular Color（镜面反射颜色）：控制表面高光的颜色，黑色无表面高光。

●　Reflectivity（反射率）：控制反射能力的大小。

●　Reflected Color（反射的颜色）：设定反射颜色。

③　Ocean Shader（海洋着色器）：主要应用于流体。

④　Phong（塑料）：表面具有光泽的物体。

●　Cosine Power（余弦幂）：控制高光大小。

⑤　Ramp Shader（渐变着色器）。

●　Specularity（镜面反射度）和 Eccentricity（偏心率）：分别控制材质强弱和大小。

●　Specular Color（镜面反射颜色）：控制高光的颜色，不是单色，是一个可以直接控制的【Ramp（渐变）】。

●　Specular Roll Off（镜面反射衰减）：用于控制高光的强弱。

（3）Special Effects（特效属性）。

●　Hide Source（隐藏源）：可平均发射辉光，但看不到辉光的源。

●　Glow Intensity（辉光强度）：设定辉光的强度。

（4）Matte Opacity（遮罩不透明度）。

对每一种材质渲染出来的 Alpha 值进行控制，尤其是分层渲染的时候。

●　Matte Opacity Mode（遮罩不透明模式）：有【Black Hole（黑洞）】、【Solid Matte（实体遮罩）】以及【Opacity Gain（不透明放缩）】3 个选项。

●　Matte Opacity（遮罩不透明度）：设定遮罩的不透明度。

（5）Raytrace Options（光线跟踪选项）。

● Refractions（折射）：打开开关，计算光线追踪的效果，在【Render Setting（渲染设置）】窗口勾选【Maya Software（Maya 软件）】面板的【Raytracing Quality（光线跟踪质量）】栏中的【Raytracing（光线跟踪）】复选框。

● Refractive Index（折射率）：设定光线穿过透明物体时被弯曲的程度，是光线从一种介质进入另一种介质时发生的，折射率和这两种介质都有关。常见物体的折射率：空气/水 1.33，空气/玻璃 1.44，空气/石英 1.55，空气/晶体 2.00，空气/钻石 2.42。

● Refraction Limit（折射限制）：光线被折射的最大次数，低于 6 次就不计算折射了，一般就是 6 次，次数越多，运算速度就越慢，钻石折射的次数一般算为 12。若【Refraction Limit（折射限制）】为 10，则表示该表面折射的光线在之前已经过了 9 道折射或反射，该表面不折射前面已经过了 10 次或更多次折射或反射的光。它的取值为 0～∞，滑竿的值为 0～10，默认值为 6。

● Light Absorbance（灯光吸收）：此值越大，对光线吸收越强，反射与折射率越小。

● Surface Thickness（表面厚度）：是指介质的厚度，通过此项的调节，可以影响折射的范围。一般来说，可以将面片渲染成一个有厚度的物体。

● Shadow Attenuation（阴影衰减）：因折射范围的不同而导致阴影范围的大小变化。

● Chromatic Aberration（色度色差）：选择该选项，在光线追踪时通过折射得到丰富的彩色效果。

● Reflection Limit（反射限制）：设定反射的次数。若【Reflection Limit（反射限制）】为 10，则表示该表面反射的光线在之前已经过了 9 道反射，该表面不反射前面已经过了 10 次或更多次反射的光。它的取值为 0～∞，滑竿的值为 0～10，默认值为 1。

● Reflection Specularity（镜面反射强度）：设定镜面反射强度。此属性用于【Phong（塑料）】、【Phong E（塑料 E）】、【Blinn（布林）】、【Anisotropic（各向异性）】材质。

 任务拓展

制作玻璃杯的金属托盘，金属托盘效果如图 6-15 所示。

图 6-15　金属托盘效果

金属材质最重要的特征在于非常强烈的反射效果和反差强烈的高光。

用来制作金属材质的方法有两种：一种是利用反射颜色贴图制作金属材质；另一种是利用光线追踪运算模拟出真实反射环境来制作金属。

（1）通过材质编辑器编辑材质，打开【Window（窗口）】→【Rendering Editors（渲染编辑器）】→【Hypershade（材质编辑器）】窗口，创建【Blinn（布林）】材质节点，按住鼠标中键，将其拖曳给场景中的金属托盘。

（2）双击【Blinn（布林）】材质，在【Color History（颜色历史）】面板中，设置【Color（颜色）】选项为浅灰色，并设置【Ambient Color（环境色）】选项的HSV参数为（60，1，0.058），为其加入黄色的环境颜色效果。修改环境色如图6-16所示。

图6-16 修改环境色

（3）在【Specular Shading（镜面反射着色）】选项栏中，设置【Specular Color（镜面反射颜色）】选项为白色，调整【Specular roll off（镜面反射衰减）】参数值为1，【Reflectivity（反射率）】参数为1。

（4）打开【Render Settings（渲染设置）】窗口，为【Maya Software（Maya软件）】选项卡下的【Quality（质量）】选项指定【Production Quality（产品级质量）】类型，观看渲染效果。

任务总结

（1）【Window（窗口）】→【Rendering Editors（渲染编辑器）】→【Hypershade（材质编辑器）】窗口创建材质节点。

（2）了解属性面板的【Specular Shading（镜面反射着色）】、【Specular Color（镜面反射颜色）】选项栏，调整【Cosine Power（余弦幂）】。

（3）调整【Checker Attributes（棋盘格属性）】纹理颜色和【2D Texture Placement Attributes（2D纹理放置属性）】的【Repeat UV（UV向重复）】重复度。

（4）了解属性面板的【Common Material Attributes（通用材质属性）】选项栏，调整【Transparency（透明度）】。

（5）了解属性面板的【Raytrace Options（光线跟踪选项）】选项栏，调整【Refractive Index（折射率）】。

（6）了解【Render Setting（渲染设置）】窗口的【Maya Software（Maya软件）】选项卡下

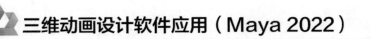

【Raytracing Quality（光线跟踪质量）】选项栏中的【Raytracing（光线跟踪）】选项和【Quality（质量）】选项的【Production Quality（产品级质量）】类型。

（7）了解属性面板设置【Ambient Color（环境色）】选项的 HSV 参数。

任务评估

任务 1　评估表

	任务 1　评估细则	自评	教师评价
1	材质类型关系		
2	使用【Hypershade（材质编辑器）】命令创建材质节点		
3	简单了解属性编辑面板		
4	透明玻璃材质的创建与编辑		
5	金属材质的创建与编辑		
任务综合评估			

任务 2　制作恐龙的材质

经过前面材质的学习，应该对于材质的使用不会感到陌生了，本任务通过制作恐龙材质，对材质贴图有一个系统了解和学习。

任务分析

1. 制作分析

● 深入了解材质类型关系。

● 使用【Hypershade（材质编辑器）】命令创建材质节点。

● 使用属性编辑面板编辑材质属性。

● 对场景进行渲染。

2. 工具分析

● 打开【Window（窗口）】→【Rendering Editors（渲染编辑器）】→【Hypershade（材质编辑器）】窗口，创建材质节点。

● 使用【Assign Material Selection（将材质赋予选择的物体）】命令。

● 【Common Material Attributes（通用材质属性）】选项栏中的【Color（颜色）】纹理通道内指定【File（文件）】属性贴图。

● 【Common Material Attributes（通用材质属性）】选项栏中【Bump Mapping（凹凸贴图）】

通道连接凹凸纹理。

3. 通过本任务的制作，要求掌握以下内容

● 学会打开【Window（窗口）】→【Rendering Editors（渲染编辑器）】→【Hypershade（材质编辑器）】窗口，创建材质节点。

● 学会使用【Assign Material Selection（将材质赋予选择的物体）】命令。

● 指定【File（文件）】属性贴图。

● 查看节点网络。

● 【Common Material Attributes（通用材质属性）】选项栏中的【Bump Mapping（凹凸贴图）】通道连接凹凸纹理，连接【Specular Roll Off（镜面反射衰减）】、【Specular Color（镜面反射颜色）】纹理。

● 修改【Bump Depth（凹凸深度）】属性。

● 创建【File（文件）】节点。

● 鼠标中键连接材质球。

● 创建层纹理。

● 合并通道。

● 调整【Color Balance（颜色平衡）】→【Color Offset（颜色偏移）】属性。

● 连接编辑器，将贴图中的【outAlpha（输出 Alpha）】连接层纹理的 inputs[5].colorR、inputs[5].colorG、inputs[5].colorB 通道。

任务实施

具体操作步骤如下。

（1）打开文件。执行【File（文件）】→【Open（项目）】命令，打开素材文件 "Project 6 /scenes/konglong.mb"。

（2）创建材质。执行【Window（窗口）】→【Rendering Editors（渲染编辑器）】→【Hypershade（材质编辑器）】命令，打开材质编辑器窗口，创建【Lambert（兰伯特）】材质节点。

（3）赋予材质。有两种方法：①选择【Lambert（兰伯特）】材质球，右击，在快捷菜单中执行【Assign Selection（为当前选择指定材质）】命令；②右键要赋予材质的恐龙模型，在快捷菜单中执行【Assign Existing Material（指定现有材质）】命令。

（4）文件属性贴图。在【Common Material Attributes（通用材质属性）】选项栏中的【Color（颜色）】纹理通道内指定【File（文件）】节点，单击【File Attributes（文件属性）】面板中图像名称后面的路径按钮，如图 6-17 所示。

（5）指定贴图。在弹出的贴图来源文件夹中选择文件 "03.jpg"，如图 6-18 所示。

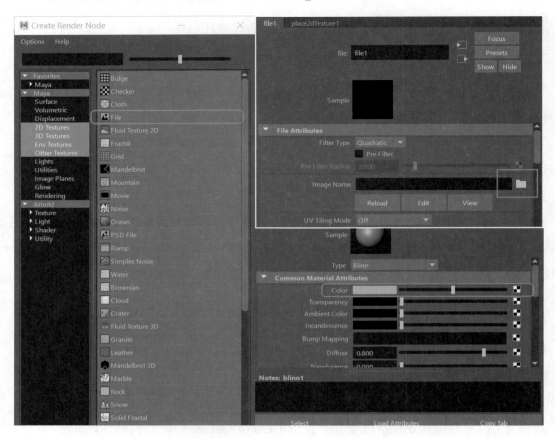

图 6-17　文件属性贴图

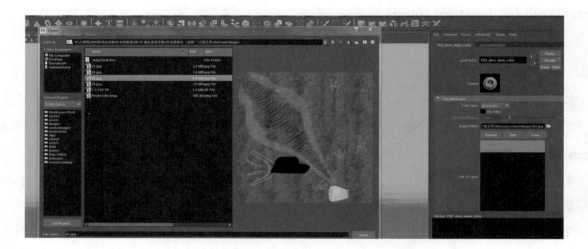

图 6-18　指定贴图

（6）查看节点网络。选择赋予恐龙模型的材质球，在【Hypershade（材质编辑器）】窗口中单击■按钮，工作区中会显示出材质球的节点连接情况，如图 6-19 所示。

（7）摄影机视图。执行【View（视图）】→【Panels（面板）】→【Perspective（透视）】→【Camera1（摄影机 1）】命令，切换至摄影机 1 视图。

（8）测试渲染，如图 6-20 所示。

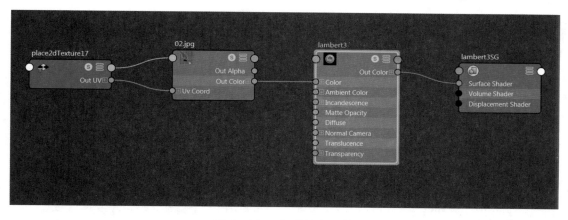

图 6-19　查看节点网络

图 6-20　测试渲染

（9）连接凹凸纹理。材质球属性，单击【Common Material Attributes（通用材质属性）】选项栏中【Bump Mapping（凹凸贴图）】通道的连接按钮，在窗口中选择【File（文件）】纹理。

（10）指定贴图。文件纹理会自动连接凹凸节点并打开凹凸节点的属性面板，单击 ▢ 按钮选择文件"04.jpg"，如图 6-21 所示。

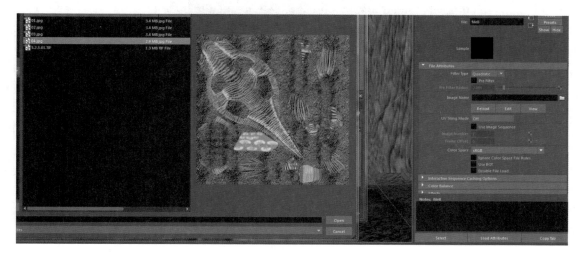

图 6-21　指定贴图

（11）修改凹凸深度属性。打开凹凸属性面板，修改【Bump Depth（凹凸深度）】属性，

将属性设置为 0.1，如图 6-22 所示。

（12）渲染效果如图 6-23 所示。

图 6-22　修改凹凸深度属性

图 6-23　渲染效果

 任务拓展

制作腐蚀的金属底座

底座为金属底座将使用两套纹理，两套纹理的叠加需要使用层纹理。

（1）制作第 1 套纹理。执行【Window（窗口）】→【Rendering Editors（渲染编辑器）】
→【Hypershade（材质编辑器）】命令，打开【Hypershade（材质编辑器）】窗口，创建 3 个【File
（文件）】节点，如图 6-24 所示。

图 6-24　制作第 1 套纹理

（2）连接文件节点。分别将文件"tetu-Alpha""tetu-Light""tetu-Bump"的套图进行节点

连接。

（3）连接材质球。按住鼠标中键将指定好的文件节点连接材质球相对应的通道，其中包括【Color（颜色）】、【Bump Mapping（凹凸）】、【Specular Roll Off（镜面反射衰减）】、【Specular Color（镜面反射颜色）】属性通道，如图6-25所示。

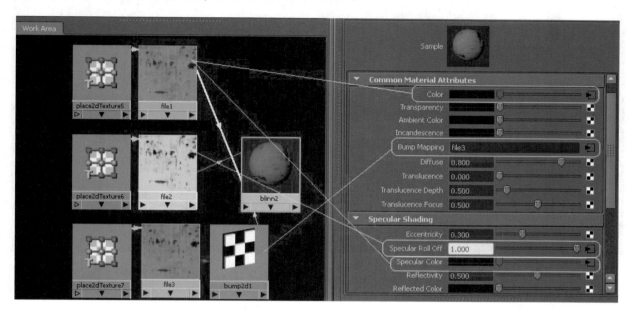

图6-25　连接材质球

渲染连接效果，如图6-26所示。

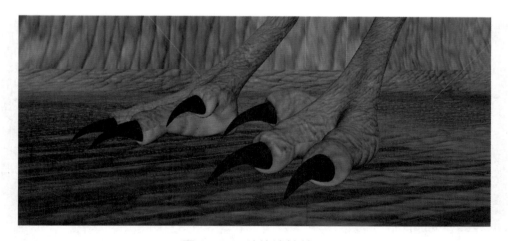

图6-26　渲染连接效果

（4）将连接好的节点打断。

（5）制作第2套纹理。再次创建3个文件节点，分别将文件"tietu-1""tietu-2""tietu-3"的套图进行节点连接。

（6）连接第2套材质球。按住鼠标中键将指定好的文件节点连接到材质球相对应的通道中，其中包括【Color（颜色）】、【Bump Mapping（凹凸）】、【Specular Roll Off（镜面反射衰减）】、【Specular Color（镜面反射颜色）】属性通道，如图 6-27 所示，并渲染连接效果。

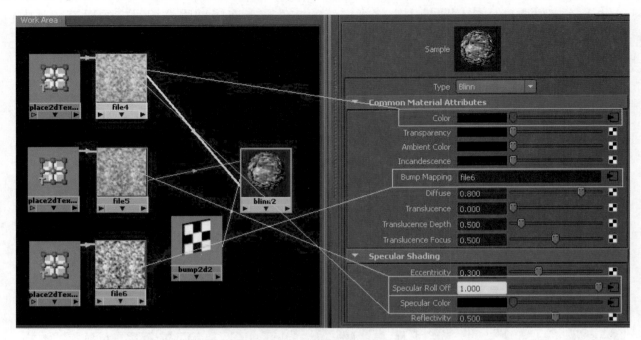

图 6-27　连接第 2 套材质球

（7）设置图案重复次数，分别打开 3 个文件节点的 2D 纹理坐标系，其将【Repeat UV（UV 向重复）】改为 3 和 2。

渲染第 2 套材质球的连接效果如图 6-28 所示。

图 6-28　渲染第 2 套材质球的连接效果

（8）将连接好的节点打断。

（9）合并纹理。材质球只能连接一套纹理，所以需要使用层纹理来进行合并。

（10）创建层纹理。创建 3 个等待节点连接的层纹理，如图 6-29 所示。

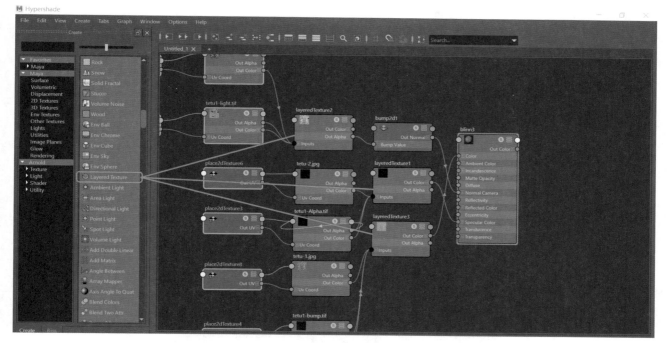

图 6-29　创建层纹理

（11）合并颜色通道。双击打开层纹理属性编辑器，用鼠标中键将两张颜色通道贴图拖曳到层纹理中，注意"tetu-Alpha"在前，次序一定要对，并将材质球连接【Color（颜色）】【Specular Color（镜面反射颜色）】属性通道，如图 6-30 所示。

（12）调整图像亮度。调整【Color Balance（颜色平衡）】→【Color Offset（颜色偏移）】，使图像更加真实。

（13）合并高光、反射通道。先连接"tetu-Light"与层纹理，再连接"tietu-2"并单击鼠标中键，在弹出的快捷菜单中执行【Other（其他）】命令。

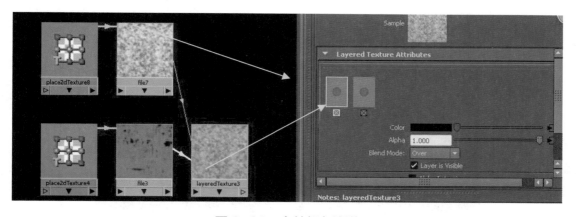

图 6-30　合并颜色通道

（14）连接编辑器。在连接编辑器窗口中，将贴图中的【outAlpha（输出 Alpha）】连接层纹理的"inputs[5].colorR""inputs[5].colorG""inputs[5].colorB"通道，这样就可以给层纹理输出灰度色彩信息，如图 6-31 所示，然后连接好层纹理。

图 6-31 连接编辑器

（15）连接材质球。将新连接好的层纹理连接【Specular Roll Off（镜面反射衰减）】、
【Reflectivity（反射率）】属性通道，使有锈迹的位置没有高光反射，没有锈迹的地方仍然保留金属高光。

（16）合并凹凸通道。将凹凸纹理拖曳到层纹理中，并将凹凸强度调整为"0.1"，查看最终效果，如图 6-32 所示。

图 6-32 最终效果

 **任务总结**

（1）打开【Window（窗口）】→【Rendering Editors（渲染编辑器）】→【Hypershade（材质编辑器）】窗口创建材质节点。

（2）快捷菜单中使用【Assign Material Selection（为当前选择指定材质）】命令。

（3）【Common Material Attributes（通用材质属性）】选项栏中的【Color（颜色）】纹理通道内指定【File（文件）】属性贴图。

（4）查看节点网络。

（5）【Common Material Attributes（通用材质属性）】选项栏中的【Bump Mapping（凹凸贴图）】通道连接凹凸纹理，连接【Specular Roll Off（镜面反射衰减）】、【Specular Color（镜面反射颜色）】纹理。

（6）修改【Bump Depth（凹凸深度）】属性。

（7）理解并能创建【File（文件）】节点。

（8）鼠标中键连接材质球。

（9）理解并能创建层纹理。

（10）理解并能合并通道。

（11）调整【Color Balance（颜色平衡）】→【Color Offset（颜色偏移）】属性。

（12）连接编辑器，将贴图中的【outAlpha（输出 Alpha）】连接层纹理的"inputs[5].colorR""inputs[5].colorG""inputs[5].colorB"通道。

任务评估

任务 2　评估表

任务 2　评估细则		自评	教师评价
1	材质类型关系		
2	使用【Hypershade（材质编辑器）】命令创建材质节点		
3	创建【File（文件）】节点，连接材质球		
4	理解并能创建层纹理		
5	理解并能合并通道		
任务综合评估			

第 7 章

基础动画

使用 Maya 可以为各种应用创建 3D 计算机动画，也可以为计算机游戏设置角色、制作游戏效果展示，制作片头或广告的动画，或为电影、电视剧制作特殊效果的动画，还可以创建用于严肃场合的动画，如安全教育、医疗手册等。无论制作什么样的动画，Maya 都是一个功能强大的软件，可以帮助用户很好地实现各种效果。

Maya 的动画主要有以下几种类型。

1. 关键帧动画

关键帧动画是指在不同的时间里将有特征的动作以设置关键帧的方式来控制对象运动和变化的动画每一个关键帧就包括在一个指定的时间点上对某一个属性一系列参数值的设定，然后 Maya 再来插入从一个关键帧到另一个关键帧的中间值。

2. 路径动画

路径动画是指将物体置于路径曲线上，用路径的点决定物体在某个时刻所处位置的动画。

3. 表达式动画

表达式动画可以使用数学公式、条件声明和 MEL 命令，动画的每一帧都会涉及表达式的计算。

4. 捕捉动画

对于大量复杂的动画，如人的表情、动作等，可以通过硬件的支撑使用动态捕捉动画技术来完成，可以节省大量的人力物力实现高仿真效果。

5. 非线性动画

Maya 强大的动画功能还在于它提供了非线性层叠和混合角色动画序列的方法。在非线性编辑里，可以把几段动画通过非线性排列，将其使用层的关系混合起来，从而独立于时间之外。

通过对本章的学习，将学到以下内容。

① 了解动画的制作原理。

② 能够制作基本动画。

③ 能够使用动画曲线调整动画。

④ 能够制作驱动关键帧动画。

任务 1 制作小球弹地运动

制作小球弹地运动的效果如图 7-1 所示。

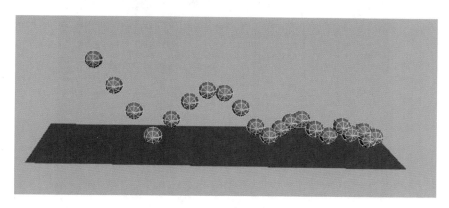

图 7-1 制作小球弹地运动的效果

任务分析

1. 制作分析

● 使用【Set Key（设置关键帧）】命令完成对象各个参数的关键帧设置。

● 使用【Graph Editor（图表编辑器）】命令完成运动轨迹的调整。

2. 工具分析

● 使用【Create（创建）】→【NURBS Sphere（NURBS 球体）】命令，创建 NURBS 球体，通过移动工具调整其位置。

● 使用【Key（关键帧）】→【Set Key（设置关键帧）】命令或按【S】键在该位置产生关键帧。

● 使用【Windows（窗口）】→【Animation Editor（动画编辑器）】→【Graph Editor（曲线图编辑器）】命令，设置对象运动曲线。

3. 通过本任务的制作，要求掌握以下内容

● 学会使用【Set Key（设置关键帧）】命令或按【S】键在该位置产生关键帧。

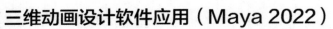

● 学会使用【Graph Editor（曲线图编辑器）】命令设置对象运动曲线。

 任务实施

具体操作步骤如下。

（1）执行【File（文件）】→【Project Window（项目窗口）】命令，打开【Project Window】属性窗口，单击【New】按钮，在窗口中指定项目名称和位置，单击【Accept（接受）】按钮，完成项目目录的创建。创建项目目录如图 7-2 所示。

图 7-2　创建项目目录

（2）在场景中创建【NURBS Sphere（NURBS 球体）】对象和【NURBS Plane（NURBS 平面）】对象，调整球体的半径为 3，调整 Y 轴的参考值为 30。创建动画场景如图 7-3 所示。

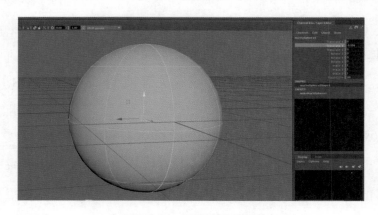

图 7-3　创建动画场景

（3）将时间轴长度和时间显示范围调整为 60 帧，在第一帧上选定球体对象，执行【Key（关键帧）】→【Set Key（设置关键帧）】命令或按【S】键在该时间位置设定关键帧，单击范围滑块右侧的 ⊕ 按钮，使 Maya 自动记录关键帧。时间轴设置如图 7-4 所示。

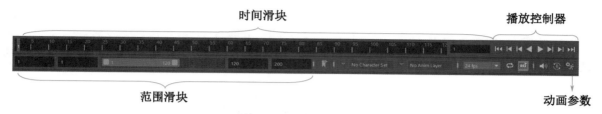

图 7-4　时间轴设置

注意

在单击时间轴上的 ⊕ 按钮启动自动记录关键帧之前，必须为对象手动添加一个关键帧，这样系统才会自动记录。

（4）将时间指针移动到第 10 帧的位置，调整 X 轴坐标为 20，Y 轴坐标为 3，这样将在第 10 帧的位置自动产生关键帧，拨动时间指针可以查看球体运动情况。调整球体位置如图 7-5 所示。

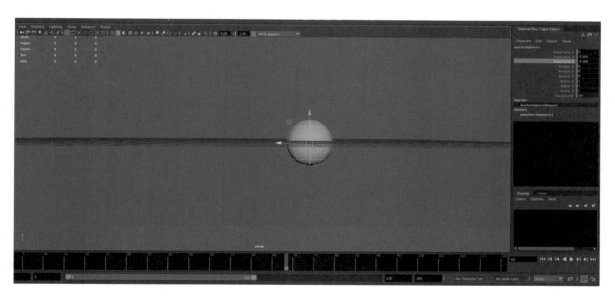

图 7-5　调整球体位置

（5）将时间指针移动到第 20 帧的位置，调整 X 轴坐标为 40，Y 轴坐标为 20，这样将在第 20 帧的位置自动产生关键帧，拨动时间指针可以查看球体运动情况。

（6）重复前两步的操作，将 Y 轴高度逐渐减小，X 轴推进，直至完成。

（7）单击时间轴右侧的 ▶ 按钮，预览动画效果。观察后发现球体并没有实现现实中真实的运动规律。

三维动画设计软件应用（Maya 2022）

注意

执行【Key（关键帧）】→【Set Key（设置关键帧）】命令或按【S】键在该时间位置设定关键帧会将对象所有的参数都设定为关键帧，如果要对某个参数进行单独的设置，那么需要在参数窗口选择要设置的参数，单击鼠标右键，在弹出的菜单中执行【Key Selected（为选定项设置关键帧）】命令。关键帧的选择方式如图7-6所示。

图7-6 关键帧的选择方式

（8）执行【Windows（窗口）】→【Animation Editor（动画编辑器）】→【Graph Editor（曲线图编辑器）】命令，打开【Graph Editor（曲线图编辑器）】窗口。保持球体的选中状态，在窗口右侧的曲线面板中显示出球体运动曲线。【Graph Editor（曲线图编辑器）】窗口如图7-7所示。

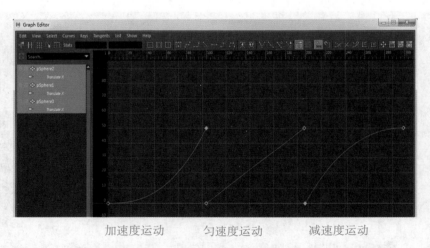

图7-7 【Graph Editor（曲线图编辑器）】窗口

（9）在曲线图编辑器左侧的节点及动画属性列表中单击【Translate Y（平移 Y）】属性，在右侧的动画曲线显示窗口中将只显示球体在 Y 轴的位移动画曲线。Y 轴的动画曲线如图7-8所示。

（10）在图表视图窗口中选择曲线上与地面相连接位置的顶点，并单击图标工具栏中的和按钮，使曲线在该顶点产生加速与减速运动变化。改变节点形态如图7-9所示。

（11）单击时间轴右侧的▶按钮，预览动画效果。观察后发现球体实现了现实中真实的运动规律。

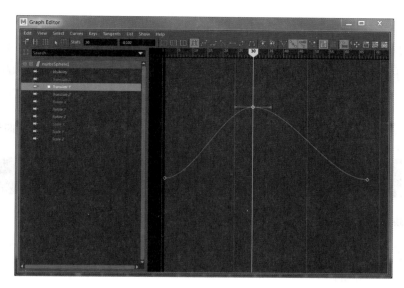

图 7-8　Y 轴的动画曲线

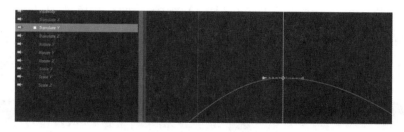

图 7-9　改变节点形态

新知解析

1. 动画技术核心概念

（1）动画产生原理。

　动画的产生是以人类视觉暂留的生理现象为基础，将多张连续的静态画面快速播放而使人感受到画面的动态效果。

（2）帧。

　帧（Frame）是指动画中最小单位的单幅静态画面，相当于电影胶片上的每一格镜头。任何动画要表现运动或变化的效果，至少前后要给出两个不同的关键状态，而计算机自动完成中间状态的变化和衔接。在计算机动画软件中，表示关键状态的帧称为关键帧。

（3）帧速率。

　帧速率（Frame Per Second，FPS）是指每秒钟刷新图片的帧，单位是帧/秒。

　常见的帧速率为电影的 24 fps、我国的 PAL 25 fps 及美国的 NTSC 30 fps。

2. 动画制作基础

（1）时间滑块。

Maya 的动画控制器提供了快速访问时间和关键帧设置的工具，包括时间滑块、范围滑块和播放控制器，用户可以从动画控制区域快速地访问和编辑动画参数。时间滑块如图 7-10 所示。

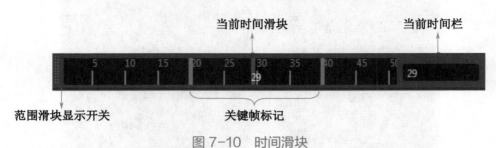

图 7-10　时间滑块

（2）时间滑块类别设置。

单击时间轴右侧的 ⚙ 按钮，打开【Preferences（参数）】窗口，在窗口左侧的【Categories（类别）】选项栏中选择【Time Slider（时间滑块）】选项，在右侧展开其设置参数面板。

在【Time Slider（时间滑块）】参数面板中单击【Framerate（帧速率）】选项右侧的下拉按钮，可以在打开的下拉列表中选择要设置所需的帧速率类型，如图 7-11 所示。

图 7-11　【Time Slider（时间滑块）】参数面板

在【Preferences（参数）】窗口左侧选择【Time Slider（时间滑块）】选项，右侧会展开时间线面板，包括【Time Slider（时间滑块）】和【Playback（播放）】两部分，如图 7-12 所示。

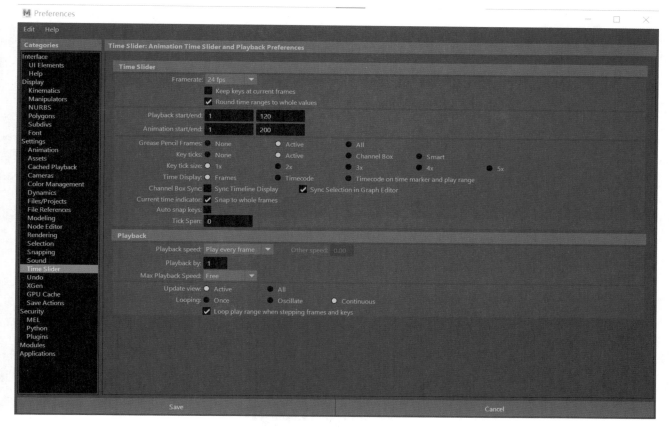

图 7-12　时间线面板

参数说明如下。

① Time Slider（时间滑块）。

● Playback start/end（播放开始/结束）：定义回放的范围，其值应小于动画的长度。

● Animation start/end（动画开始/结束）：定义动画的长度，如果小于回放的长度，那么会自动延长至回放长度，二者相互影响。

● Key ticks（关键帧标志）：共有四种方式，【None（无）】表示不显示，【Active（活动）】表示只显示激活的关键帧，【Channel Box（通道盒）】表示只在时间线当前选中属性对应的关键帧，【Smart（智能）】用于在显示所有关键帧标记和与特定通道关联的关键帧标记之间切换。

● Key tick size（关键帧标记大小）：调整关键帧标记的显示尺寸。

② Playback（播放）。

● Playback speed（播放速度）：设置动画播放时的帧速率。

● Max Playback Speed（最大播放速率）：指定系统播放的最大速度。

● Update view（更新视图）：【Active（活动）】表示只在激活的视图中回放动画，【All（全部）】选项表示在所有视图中回放动画。

● Looping（循环）：设置播放动画的次数。

3. 动画操作

设置关键帧，为一个属性设置关键帧有以下几种方法。

（1）使用【Animation（动画）】菜单集进行设置。选择菜单栏中的【Key（关键帧）】菜单，打开【Key（关键帧）】菜单，如图 7-13 所示。

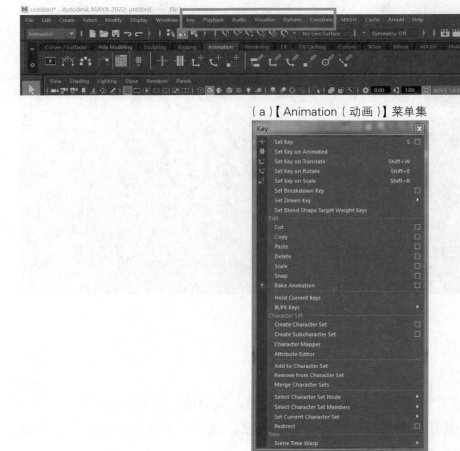

（a）【Animation（动画）】菜单集

（a）【Key（关键帧）】菜单

图 7-13 【Animation（动画）】菜单集和【Key（关键帧）】菜单

用于设置和控制关键帧的命令介绍如下。

①【Set Key（设置关键帧）】命令：首先选择要设置关键帧的对象，再执行【Key（关键帧）】→【Set Key（设置关键帧）】命令，或者按【S】键，Maya 会根据【Set Key（设置关键帧）】命令设置创建关键帧。默认情况下为选中对象所有可以设定的属性设置关键帧。

②【Set Key on Translate（设置平移关键帧）】命令：为平移属性设置关键帧，快捷键为【Shift+W】。

③【Set Key on Rotate（设置旋转关键帧）】命令：为旋转属性设置关键帧，快捷键为【Shift+E】。

④【Set Key on Scale（设置缩放关键帧）】命令：为缩放属性设置关键帧，快捷键为

【Shift+R】。

（2）利用 按钮自动设置关键帧。当用户改变对象属性时，会自动为更改过的属性设置关键帧。

（3）使用属性编辑器和通道栏中的菜单命令为显示的属性设置关键帧。

① 在通道栏中设置关键帧：在通道栏中选中需要修改的动画属性，然后在属性名称上单击鼠标右键，在弹出的菜单中执行【Key Selected（为选定项设置关键帧）】命令，就可以为选中对象的属性设置关键帧，如图 7-14 所示。

图 7-14 为选中对象的属性设置关键帧

② 在【Attribute Editor（属性编辑器）】窗口中设置关键帧：可以为对象更多的属性设置关键帧。

（4）使用【Graph Editor（曲线图编辑器）】可以为现有的动画设置和编辑关键帧。

（5）使用【Dope Sheet（摄影表）】用来进行精确的时间、事件以及声音的同步编辑操作。

任务拓展

制作旋转地球，其效果如图 7-15 所示。

图 7-15 旋转地球的效果

具体操作步骤如下。

（1）打开 Maya 2022，然后打开素材文件"project7\earth\scenes\diqiuyi-over.mb"，设置显示区域结束为 160 帧，动画长度为 160 帧。设置动画长度如图 7-16 所示。

（2）单击时间轴上的第一帧，选中地球仪球体，在通道栏中选中【Rotate Y（旋转 Y）】属性，单击【Channels（通道）】按钮，在弹出的菜单中执行【Key Selected（为选定项设置关键帧）】命令，设置对象的【Rotate Y（旋转 Y）】属性在第一帧为关键帧。设置关键帧如图7-17 所示。

图 7-16　设置动画长度

图 7-17　设置关键帧

（3）单击时间轴上右侧的 按钮，打开关键帧自动记录开关，选择第 160 帧，设置【Rotate Y（旋转 Y）】参数值为 360，使球体旋转一周，渲染效果如图 7-15 所示。

 任务总结

（1）动画控制器提供了快速访问时间和关键帧设置的工具，包括时间滑块、范围滑块和播放控制器，用户可以从动画控制区域快速地访问和编辑动画参数。

（2）使用【Create（创建）】→【NURBS Sphere（NURBS 球体）】命令，创建 NURBS 球体，通过移动工具调整其位置。

（3）使用【Key（关键帧）】→【Set Key（设置关键帧）】命令或按【S】键在该位置产生关键帧。

（4）可以使用多种方法进行关键帧的设置，用户可以根据在动画制作的不同时期和不同的属性要求进行设置。

（5）使用【Windows（窗口）】→【Animation Editor（动画编辑器）】→【Graph Editor（曲线图编辑器）】命令，设置对象运动曲线。

任务评估

任务 1 评估表

任务 1 评估细则		自评	教师评价
1	动画技术核心概念的理解		
2	时间滑块的使用		
3	常规动画的制作		
4	关键帧的设置		
5	【Graph Editor（曲线图编辑器）】的初步使用		
6	案例制作效果		
任务综合评估			

任务 2　制作小球撞球进洞动画

制作小球撞球进洞动画，其效果如图 7-18 所示。

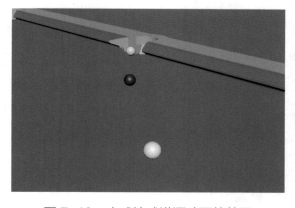

图 7-18　小球撞球进洞动画的效果

任务分析

1. 制作分析

Maya 中有一种特殊的关键帧称为受驱动关键帧，它把一个属性值与另一个属性值链接在一起。对于受驱动关键帧，Maya 根据【Driving attribute（驱动属性）】值为【Driven（受驱动者）】的属性值设置关键帧。当驱动属性值发生变化时，受驱动者的属性值也会相应发生变化。本任务中，使用驱动关键帧来实现小球（驱动关键帧）滚动到洞边，将球（受驱动关键帧）撞进洞内的简单动画效果。

2. 工具分析

使用【Key（关键帧）】→【Set Driven Key（设置受驱动关键帧）】命令来设置驱动关键帧与受驱动关键帧。【Set Driven Key（设置受驱动关键帧）】设置窗口可以通过以下三种方式打开。

- 使用【Key（关键帧）】→【Set Driven Key（设置受驱动关键帧）】→【Set】命令。
- 使用【Channel Box（通道盒）】。
- 使用【Attribute Editor（属性编辑器）】窗口的右键菜单。

3. 通过本任务的制作，要求掌握以下内容

- 理解驱动关键帧与受驱动关键帧的含义。
- 掌握驱动关键帧与受驱动关键帧的设置方法。
- 掌握【Animate（动画）】→【Set Driven Key（设置受驱动关键帧）】命令的使用。

任务实施

图 7-19　创建项目目录

具体操作步骤如下。

（1）新建项目。执行【File（文件）】→【Project Window（项目窗口）】命令，打开【Project Window（项目窗口）】属性窗口，单击【New（新建）】按钮，在窗口中指定项目名称和位置，单击【Accept（接受）】按钮完成项目目录的创建。创建项目目录如图 7-19 所示。

（2）设置场景。打开素材文件"project7\ball\scenes\ball.mb"，命名小球为"ball"，球为"ball01"，注意将球的中心点放到球的左轴上，保存文件名为"ball-OK.mb"。

（3）设置时间线的长度为 60，设置小球从第 1 帧到第 60 帧在地面上滚动的动画。选定第 1 帧，设定小球的【Translate X（平移 X）】、【Translate Z（平移 Z）】及【Rotate X（旋转 X）】为关键帧，在第 60 帧，设定小球的【Translate X（平移 X）】、【Translate Z（平移 Z）】及【Rotate X（旋转 X）】值分别是-10、3 及-100，让小球向前滚动，不管小球的变化。

（4）当小球撞在球上时开始设置关键帧，用小球的 Z 轴的位移作为驱动属性，用球的 Y 轴旋转作为受驱动属性。执行【Key（关键帧）】→【Set Driven Key（设置受驱动关键帧）】→【Set（设置）】命令，打开【Set Driven key（设置受驱动关键帧）】属性窗口，如图 7-20 所示。

（5）在工作区中选择小球"ball"，在【Set Driven Key（设置受驱动关键帧）】窗口中单击 Load Driver 按钮，球"Ball01"和它的属性会显示在窗口的【Driver（驱动者）】列表框中。【Driver（驱动者）】列表框如图 7-21 所示。

（6）在工作区中选择球"ball01"，在【Set Driven Key（设置受驱动关键帧）】窗口中单击 Load Driver 按钮，球"Ball01"和它的属性会显示在窗口的【Driven（受驱动者）】列表框中。【Driven（受驱动者）】列表框如图 7-22 所示。

（7）在【Set Driven Key（设置受驱动关键帧）】窗口中选择小球"ball"的【Translate Z（平移 Z）】属性和球"ball01"的【Rotate Y（旋转 Y）】属性。设置关联属性如图 7-23 所示。

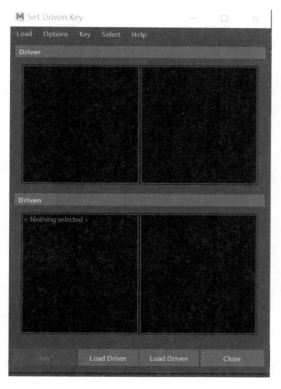

图 7-20 【Set Driven Key（设置受驱动关键帧）】属性窗口

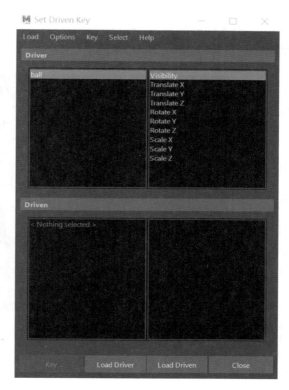

图 7-21 【Driver（驱动者）】列表框

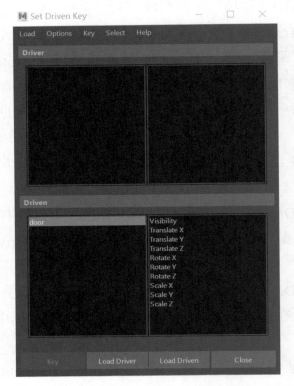

图 7-22 【Driven（受驱动者）】列表框

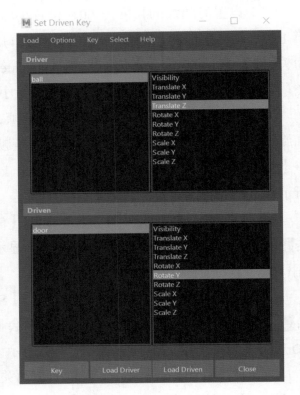

图 7-23 设置关联属性

（8）在时间线上使用时间滑块将动画移至进洞的一瞬间，即小球接触球但球还没有进入洞的帧（如图 7-24 所示），此时【Rotate Y（旋转 Y）】为 0。

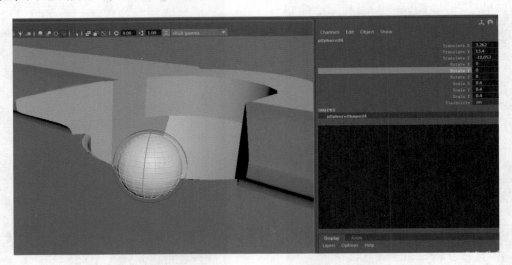

图 7-24 小球接触球但球还没有进入洞的帧

（9）在【Set Driven Key（设置受驱动关键帧）】窗口中，单击 Key 按钮，设置受驱动关键帧。

（10）将动画移动到球进入洞后，小球被撞开到最大角度的帧。

（11）在工作区中设置球沿 Y 轴旋转 70°，即小球撞开球后【Rotate Y（旋转 Y）】为 70，如图 7-25 所示。

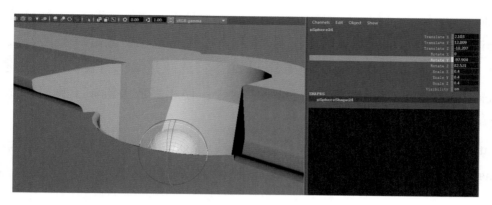

图 7-25 小球撞开球后【Rotate Y（旋转 Y）】为 70

（12）在【Set Driven Key（设置受驱动关键帧）】窗口中单击 Key 按钮，设置关键帧。

（13）播放动画，效果如图 7-18 所示。

 新知解析

用户设置好关键帧后，可以使用 Graph Editor（曲线图编辑器）编辑关键帧，操纵动画曲线。Graph Editor（曲线图编辑器）是 Maya 用户编辑关键帧动画的主要工具。动画曲线用来控制动画状态，而每个关键帧的切线决定了动画曲线的形态和中间帧的属性值。

执行【Window（窗口）】→【Animation Editors（动画编辑器）】→【Graph Editor（曲线图编辑器）】命令，打开【Graph Editor（曲线图编辑器）】窗口，如图 7-26 所示。

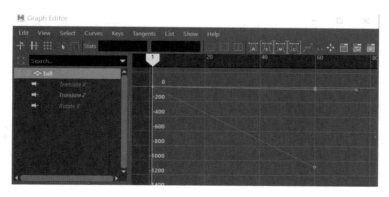

图 7-26 【Graph Editor（曲线图编辑器）】窗口

1. 菜单栏

（1）【Edit（编辑）】菜单。

【Edit（编辑）】菜单中的许多命令与 Maya 主界面的【Edit（编辑）】菜单的功能与操作方法相似，所以这里只选择有区别的进行说明。

①【Scale（缩放）】命令：可把某一范围内的关键帧扩展或压缩到新的时间范围内。

②【Transformation Tools（变换工具）】命令：包含有【Move Keys Tool（移动关键帧工具）】、【Scale Keys Tool（缩放关键帧工具）】【Lattice Deform Keys Tools（晶格变形关键帧命令）】、【Region keys Tool（区域关键帧工具）】和【Retime Tool（重定时工具）】五个子命令。

● 【Move Keys Tool（移动关键帧工具）】命令：选择并编辑图表视图的关键帧。

● 【Scale Keys Tool（缩放关键帧工具）】命令：使用缩放关键帧工具可以缩放动画曲线范围和关键帧的位置。

● 【Lattice Deform Keys Tools（晶格变形工具）】命令：利用晶格变形方式设置关键帧。

③【Snap（捕捉）】命令：迫使选中的关键帧吸附到最近的整数时间单位值和属性值上。

④【Select Unsnapped（选择未捕捉对象）】命令：选择不处于整数时间单位的关键帧。

（2）【View（视图）】菜单。

【View（视图）】菜单控制【Graph Editor（曲线图编辑器）】窗口图表视图中可编辑的内容。主要菜单命令如下。

①【Show Results（显示结果）】命令：显示路径动画或表达式动画等类型组成的动画的结果曲线。

②【Show Buffer Curves（显示缓冲曲线）】命令：显示缓存曲线，图表视图将显示被编辑曲线的原始形状。

③【Infinity（无限）】命令：显示关键帧范围以外的曲线，通常用于显示关键帧的循环曲线。

（3）【Curves（曲线）】菜单。

【Curves】菜单中的各种功能用于处理整个动画曲线，主要菜单命令如下。

①【Pre Infinity（前方无限）】和【Post Infinity（后方无限）】命令：决定关键帧范围以外的曲线类型的方式，默认的值是平直的。

②【Bake Channel（烘焙通道）】命令：对于某个属性，该命令在所有有效输入节点中选择一个节点，并根据此节点为该属性重新计算出一个新的动画曲线。

③【Mute Channel（禁用通道）】命令：终止所有的动画通道，使该通道的动画曲线失效。

④【Simplify Curve（简化曲线）】命令：去除对动画曲线的形状无效的关键帧。

⑤【Weighted Tangents（加权切线）】命令：被选择的曲线成为有权重切线类型的曲线。

（4）【Keys（关键帧）】菜单。

①【Add Key Tool（添加关键帧工具）】：将关键帧添加到位于图表视图中的任意位置的选定动画曲线。

②【Insert Keys Tool（插入关键帧工具）】：在现有动画曲线上放置新关键帧。

③【Convert to Key（转化为关键帧）】：将选定的受控关键点转化为关键帧。

④【Convert to Breakdown（转化为受控关键点）】：将选定关键帧转化为受控关键点。

⑤【Add Inbetween（添加中间帧）】：在当前时间插入中间帧。

⑥【Mute Key（禁用关键帧）】：禁用选定关键帧。

（5）【Tangents（切线）】菜单。

此菜单用于设置选中关键帧左右曲线段的形状。曲线编辑器中的切线方式，共有以下几种。

①【Spline（样条曲线）】命令：被选中的动画曲线的切线具有相同的角度。

②【Linear（线性）】命令：选择的动画曲线上连接两个关键帧的线为直线。

③【Clamped（钳制）】命令：使动画曲线既有样条曲线的特征又有直线的特征。

④【Stepped（阶跃）】命令：创建台阶状的动画曲线，使切线是一条平直的曲线。

⑤【Flat（平坦）】命令：使用这种类型的切线，可以使关键帧两侧的切线呈水平状态，即向量的坡度为零。

⑥【Fixed（固定）】命令：使用这种类型的曲线，当编辑关键帧时，关键帧的切线保持不变。

2. 工具栏

使用工具栏可以让用户的操作变得更加快捷。工具栏如图 7-27 所示。

图 7-27 工具栏

各工具的说明如下。

● 移动最近拾取关键帧：使用此工具可以使用户快速地使用鼠标操作单独的关键帧或切线控制柄。

● 插入关键帧：在现有的动画曲线上插入新的关键帧。

● 晶格变形关键帧：为选中的多个关键帧添加晶格变形器。

● 关键帧状态栏：在状态栏中输入当前选择的关键帧的时间值和属性值来改变关键帧在图表的位置。

● 框显全部：在图表视图中框显所有当前动画曲线的关键帧。

● 框显播放范围：在图表视图中框显当前"播放范围"内的所有关键帧。

● 使视图围绕当前时间居中：在图表视图中使当前时间居中。

● 样条线切线：选择此项，在关键帧之前和之后的关键帧间建立平滑的动画曲线。

● 钳制切线：此项指定一个夹具切线，创建既有样条曲线特征又有线性特征的动画曲线。

● 线性切线：创建一条直线形的动画曲线连接两个关键帧。

● 平坦切线：使关键帧的入切线和出切线是水平的。

● 阶跃切线：使出切线是一条平直曲线，并在下一关键帧时转换数值。

● 高原切线：使关键帧之间出现平坦的过渡。

● 缓冲区曲线快照：为当前动画曲线创建快照。

- 交换缓冲区曲线：使动画曲线在当前曲线和动画曲线快照之间进行切换。
- 断开切线：用户可以单独控制入切线控制柄和出切线控制柄。
- 统一切线：使入切线控制柄和出切线控制柄不再单独控制。
- 时间捕捉：强制在图表视图中移动的关键帧成为最接近的整数时间单位值。
- 值捕捉：强制图表视图中的关键帧成为最接近的整数值。
- 前方无限循环：曲线的第一个关键帧之前的动画曲线行为作为副本无限重复。
- 前无限循环加偏移：将循环曲线最后一个关键帧的值添加到原曲线中第一个关键帧的值上，并在该动画曲线前无限重复。
- 后方无限循环：曲线的第一个关键帧之后的动画曲线行为作为副本无限重复。
- 后无限循环加偏移：将循环曲线最后一个关键帧的值添加到原曲线中第一个关键帧的值上，并在该动画曲线后无限重复。
- 打开摄影表：打开摄影表并加载当前对象的动画关键帧。
- 打开 Trax 编辑器：打开 Trax 编辑器并加载当前对象的动画片段。
- 打开时间编辑器：打开时间编辑器并加载当前对象的动画关键帧。

3. 图表视图

用户可以在图表视图中直观地调整动画曲线，如图 7-28 所示。

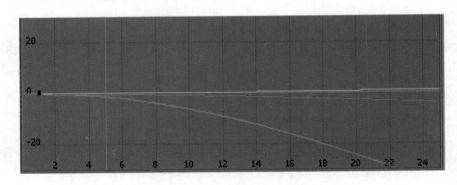

图 7-28　图表视图

图表视图显示了动画的时间轴、位置轴、曲线分段、关键帧和关键帧切线。在视图工作区中调整动画曲线，那么对象的动画也会随之发生改变。这样用户可以很直观地调整动画曲线来改变对象的动画。

 任务拓展

制作小球穿越感应门动画，其效果如图 7-29 所示。

图 7-29 小球穿越感应门动画效果

具体操作步骤如下。

（1）执行【File（文件）】→【Open（打开）】命令，打开素
材文件"project7\set driven key\scenes\go through the door.mb"，导
入场景，如图 7-30 所示。

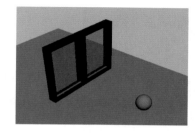

图 7-30 导入场景

（2）设置动画长度为 200，选中小球，设置第 1 帧的
【Translate Z（平移 Z）】与【Rotate X（旋转 X）】为关键帧属性，
将时间滑块移动到 200 帧，打开自动关键帧按钮，设定【Translate
Z（平移 Z）】与【Rotate X（旋转 X）】分别为-20 与-1080，使小球穿越感应门。

（3）将时间滑块移动到小球接触门之前，执行
【Key（关键帧）】→【Set Driven Key（设置受驱动关
键帧）】→【Set（设置）】命令，打开【Set Driven Key
（设置受驱动关键帧）】属性窗口。

（4）在工作区中选择小球"ball"，在【Set Driven
Key（设置受驱动关键帧）】窗口中单击 Load Driver 按钮，
小球"ball"和它的属性会显示在窗口的【Driver（驱
动者）】列表框中。

（5）在属性窗口中，去除【Option】→【Clear on
load（加载时清除）】的选中标志，在工作区中选择
门"doorL"和"doorR"，在【Set Driven Key（设置
受驱动关键帧）】窗口中单击 Load Driver 按钮，门"doorL"
和"doorR"及它们的属性会显示在窗口的【Driven
（受驱动者）】列表框中。【Set Driven Key（设置受驱
动关键帧）】属性窗口如图 7-31 所示。

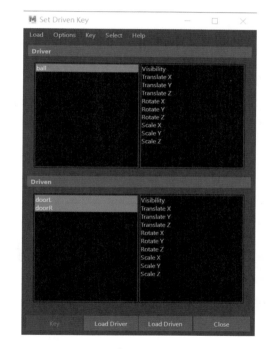

图 7-31 【Set Driven Key
（设置受驱动关键帧）】属性窗口

（6）在【Set Driven Key（设置受驱动关键帧）】
属性窗口中选择小球"ball"的【Translate Z（平移 Z）】
属性和门"doorL"的【Translate X（平移 X）】属性，单击 Key 按钮，再选择门"doorR"的
【Translate X（平移 X）】属性，单击 Key 按钮。

（7）将动画移动到小球接触门时，门向两边开到最大，小球通过后，设置门还原。

任务总结

（1）受驱动关键帧是 Maya 中的一种特殊的关键帧，它把一个属性值与另一个属性值链接在一起。

（2）【Set Driven Key（设置受驱动关键帧）】设置窗口可以通过以下三种方式打开。

① 使用【Key（关键帧）】→【Set Driven Key（设置受驱动关键帧）】→【Set（设置）】命令。

② 使用【Channel Box（通道盒）】。

③ 使用【Attribute Editor（属性编辑器）】窗口的右键菜单。

（3）【Graph Editor（曲线图编辑器）】窗口是 Maya 用户编辑关键帧动画的主要工具。动画曲线用来控制动画状态，而每个关键帧的切线决定了动画曲线的形态和中间帧的属性值。

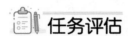 **任务评估**

任务 2　评估表

	任务 2　评估细则	自评	教师评价
1	驱动关键帧的理解		
2	驱动动画的制作		
3	【Graph Editor（曲线图编辑器）】窗口的操作		
4	能够使用【Graph Editor（曲线图编辑器）】窗口编辑动画曲线		
5	任务的制作效果		
任务综合评估			

任务 3　制作航空母舰动画

使用路径动画制作航空母舰动画，其效果如图 7-32 所示。

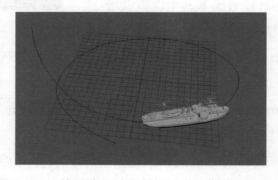

图 7-32　使用路径动画制作航空母舰动画的效果

任务分析

路径的约束动画是关于对象位移和旋转属性的一种动画产生方式，在该方式下对象可以按照事先绘制好的曲线进行运动，并在运动的过程中随路径的曲率产生变化。

路径动画的产生需要满足两个基本条件：沿路径进行运动的对象和作为路径的曲线。

1. 制作分析

- 使用【CV Curve Tool（CV 曲线工具）】命令完成路径的制作并调整。
- 使用【Attach to Motion Path（连接到运动路径）】命令将航空母舰对齐到路径。
- 使用【Front Axis（前方向轴）】命令调整航空母舰航行朝向。
- 使用【Bank（倾斜）】命令使航空母舰产生水平倾斜。

2. 工具分析

- 使用【Create（创建）】→【CV Curve Tool（CV 曲线工具）】命令在视图中绘制 CV 曲线来完成封闭的横截面的创建。
- 使用【Constrain（约束）】→【Motion Paths（运动路径）】→【Attach to Motion Path（连接到运动路径）】命令使对象对齐到路径的起点。
- 使用【Front Axis（前方向轴）】命令调整航空母舰航行朝向。

3. 通过本任务的制作，要求掌握以下内容

- 学会使用【CV Curve Tool（CV 曲线工具）】命令完成路径的制作并调整。
- 学会使用【Attach to Motion Path（连接到运动路径）】命令将对象对齐到路径。
- 学会使用【Front Axis（前方向轴）】命令调整对象的航行朝向。

任务实施

具体操作步骤如下。

（1）执行【File（文件）】→【Open（打开）】命令，打开素材文件 "project7\airship\scenes\airship.mb"。

（2）执行【Create（创建）】→【CV Curve Tool（CV 曲线工具）】命令，在【Top（顶）视图】中进行曲线绘制，绘制结束后进入曲线【Control Vertex（控制点）】元素级别进行调整，使之在 Y 轴方向上产生起伏变化。创建路径曲线如图 7-33 所示。

（3）选择航空母舰对象并按【Shift】键加选曲线对象，执行【Constrain（约束）】→【Motion Paths

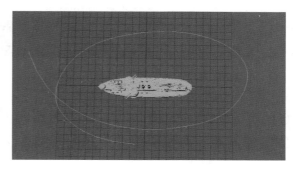

图 7-33 创建路径曲线

（运动路径）】→【Attach to Motion Path（连接到运动路径）】命令，此时航空母舰将会自动对齐到曲线起点位置。结合运动路径如图 7-34 所示。

（4）选择对象并按【Ctrl+A】组合键打开属性编辑面板，在 Motion Path 节点属性面板中调整【Front Axis（前方向轴）】选择 Z 轴，使航空母舰方向朝向路径方向。调整航空母舰朝向如图 7-35 所示。

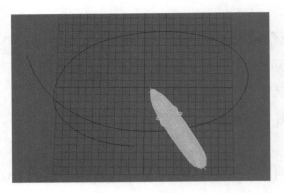
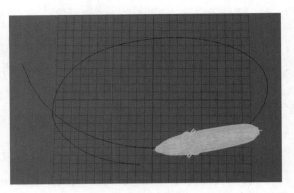

图 7-34　结合运动路径　　　　　　　　图 7-35　调整航空母舰朝向

（5）调整【Front Twist（前方向扭曲）】参数值为-25，改变航空母舰在前进方向的水平姿态，使航空母舰在航行时产生向内旋转的效果。调整水平倾斜如图 7-36 所示。

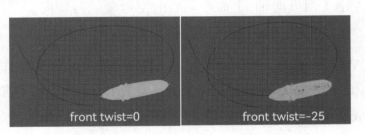

图 7-36　调整水平倾斜

（6）调整【Up Twist（上方向扭曲）】参数值为 10，改变航空母舰的转向角度，调整航空母舰在转弯时机头与路径方向产生的时间差。调整头部方向如图 7-37 所示。

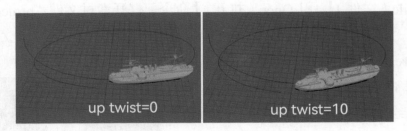

图 7-37　调整头部方向

（7）调整【Size Twist（侧方向扭曲）】参数值为-10，改变航空母舰的头部仰角与路径之间的时间差。调整头部仰角如图 7-38 所示。

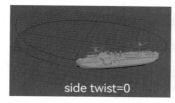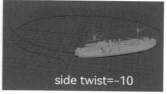

side twist=0　　　　　side twist=-10

图 7-38　调整头部仰角

新知解析

1. Attach to Motion Path（连接到运动路径）

该命令可以使运动对象自动添加到曲线并将对象置于曲线的起点。单击【Constrain（约束）】→【Motion Paths（运动路径）】→【Attach to Motion Path（连接到运动路径）】命令右侧的 □ 按钮，打开【Attach to Motion Path Options（连接到运动路径选项）】属性窗口，如图7-39 所示。

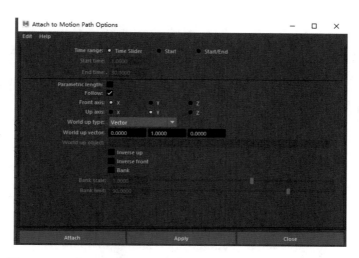

图 7-39　【Attach to Motion Path Options】属性窗口

（1）Time range（时间范围）：该项定义了对象在曲线的开始位置和结束位置的开始时间和结束时间。

● Time Slider（时间滑块）：使用时间滑块中的最大时间和最小时间作为路径曲线的开始和结束时间。

● Start（起点）：开始处建立一个标志，它指示对象被定位在曲线开头的时间。

● Start/End（开始/结束）：指示对象在开始与结束位置被设定的时间。

（2）Start time（开始时间）：在此输入曲线的起始位置。当选定 Start 和 Start/End 时有效。

（3）End time（结束时间）：在此输入曲线的结束位置。当选定 Start/End 时有效。

（4）Parametric length（参数化长度）：设置 Maya 沿曲线定位对象的方式。

（5）Follow（跟随）：开启此项，Maya 会计算对象沿曲线运动的方向。

三维动画设计软件应用（Maya 2022）

（6）Front axis（前方向轴）：当对象沿曲线运动时，设置对象的前进方向。

（7）Up axis（上方向轴）：当对象沿曲线运动时，设置对象的上方方向。

（8）World up type（世界上方向类型）：设置与顶矢量对齐的整体顶矢量的类型。

（9）World up vector（世界上方向量）：设置与场景整体空间对应的整体顶矢量的方向。

（10）World up object（世界上方向对象）：设置整体顶矢量要与之对齐的对象。

（11）Inverse Up（反转上方向）：若勾选该复选框，则"上方向轴"会尝试使其与上方向向量的逆方向对齐。

（12）Inverse Front（反转前方向）：沿曲线反转对象面向的前方向。

（13）Bank（倾斜）：使对象在运动时向着曲线的曲率中心倾斜，需要注意的是，只有在勾选【Follow（跟随）】复选框时该项才有效。

（14）Bank scale（倾斜比例）：可以调节倾斜的效果。

（15）Bank limit（倾斜限制）：可以限制倾斜的数量，使对象不会过度倾斜。

2. Flow Path Object（流动路径对象）

该项命令可以设置对象在运动时，使对象随路径曲线形状的改变而改变，从而创建一种比较真实的效果，单击【Constrain（约束）】→【Motion Paths（运动路径）】→【Flow Path Object（流动路径对象）】命令右侧的□按钮，打开【Flow Path Object Options（流动路径对象选项）】属性窗口，如图 7-40 所示。

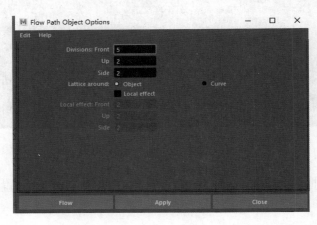

图 7-40 【Flow Path Object Options（流动路径对象选项）】属性窗口

（1）Divisions：Front（分段：前）：晶格中沿前方向的分段数。

（2）Divisions：Up（分段：上）：晶格中沿上方向的分段数。

（3）Divisions：Side（分段：侧）：晶格中沿侧方向的分段数。

（4）Lattice around（晶格围绕）：控制对象的晶格覆盖对象，对象包含物体与曲线。

（5）Local effect（局部效果）：使晶格的创建方式为覆盖曲线，当【Lattice around（晶格围绕）】为【Curve（曲线）】时，该项自动选中。

（6）Local effect：Front（局部效果：前）：晶格围绕曲线的局部效果前方向轴分段数。

148

（7）Local effect：Up（局部效果：上）：晶格围绕曲线的局部效果上方向轴分段数。

（8）Local effect：Side（局部效果：侧）：晶格围绕曲线的局部效果侧方向轴分段数。

 任务总结

（1）使用【Create（创建）】→【CV Curve Tool（CV 曲线工具）】命令，在视图中绘制 CV 曲线来完成封闭的横截面的创建。

（2）使用【Constrain（约束）】→【Motion Paths（运动路径）】→【Attach to Motion Path （连接到运动路径）】命令使对象对齐到路径的起点。

（3）使用【Front Axis（前方向轴）】命令调整航空母舰航行朝向。

（4）使用【Constrain（约束）】→【Motion Paths（运动路径）】→【Flow Path Object（流动路径对象）】命令可设置对象在运动时，使对象随路径曲线形状的改变而改变，从而创建一种比较真实的效果。

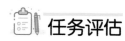 **任务评估**

任务 3   评估表

任务 3 评估细则		自评	教师评价
1	曲线工具的使用		
2	曲线的调整		
3	【Attach to Motion Path（连接到运动路径）】命令的使用		
4	【Flow Path Object（流动路径对象）】命令的使用		
5	任务的制作效果		
任务综合评估			

第 8 章
骨骼、控制器装配

骨骼系统是骨骼对象的一个有关节的层次链接，可用于设置其他对象或层次的动画。在设置具有连续皮肤网格的角色模型动画方面，骨骼尤为有用。可以采用正向运动学或反向运动学为骨骼设置动画。

骨骼与角色模型之间的关系可以理解为钢丝和木偶的关系。在动画方面，非常重要的一点是要理解骨骼对象的结构。骨骼的几何体与其链接是不同的，每个链接在其底部都有一个轴点，骨骼可以围绕轴点旋转。移动子骨骼时，实际上是在旋转其父级骨骼。

通过对本章的学习，将学到以下内容。

①了解骨骼、控制器的基本原理和基本工作流程。

②能够根据模型创建骨骼。

③能够创建控制器并进行绑定。

④能够使用蒙皮绑定模型。

任务 1　制作机器人的骨骼

机器人骨骼的制作效果如图 8-1 所示。

图 8-1　机器人骨骼的制作效果

任务分析

1. 制作分析

通过对模型的分析，可以发现图中所示的机器人有多个关节，可以对这些关节进行骨骼装配。

- 使用【Joint Tool（关节工具）】命令完成机器人骨骼的制作。
- 使用【Mirror Joints（镜像关节）】命令完成骨骼的配置。
- 使用【Degree of Freedom（自由度设置）】命令完成对关节旋转方向和范围的限定。

2. 工具分析

- 使用【Skeleton（骨架）】→【Create Joint（创建关节）】命令，创建骨骼。
- 使用【Skeleton（骨架）】→【Mirror Joints（镜像关节）】命令，镜像复制胳膊和腿部骨骼。
- 使用【Window（窗口）】→【Attribute Editor（属性编辑器）】命令的【Degree of Freedom（自由度）】选项，设置关节的旋转方向与范围。

3. 通过本任务的制作，要求掌握以下内容

- 能够熟练地进行骨骼的制作。
- 能够建立物体与关节间的层次关系。
- 能够对关节进行关节旋转方向与范围的限定。

任务实施

具体操作步骤如下。

（1）打开素材文件"project8\jiqiren\jiqiren.mb"，如图 8-2 所示。将其另存为"jiqiren-ok.mb"，为下一步的操作做好准备。

（2）单击【Skeleton（骨骼）】→【Create Joints（创建关节）】命令右侧的■按钮，弹出【Tool Settings（工具设置）】窗口，设置【Joint Settings（关节设置）】面板中的【Degrees of freedom（自由度）】选项为"XYZ（X 轴、Y 轴、Z 轴）"，勾选【Orient Joint to World（确定关节方向为世界方向）】后面的复选框，不要关闭面板。【Tool Settings（工具设置）】窗口如图 8-3 所示。

（3）在视图中任意位置单击就可以创建关节，选择前视图，在机器人腰部位置建立关节"joint1"，并命名为"Hips"。

（4）依次建立躯干部位关节"joint2""joint3""joint4""joint5""joint6""joint7""joint8"，按【Enter】键完成创建，并分别命名为"Spine""Spine1""Spine2""Spine3""Neck""Head""ForeHead"，完成的躯干关节链如图 8-4 所示。

（5）创建胳膊关节链，执行【Skeleton（骨骼）】→【Create Joints（创建关节）】命令，在前视图，依次建立胳膊部位关节。切换侧视图，按住【D】键调整关节位置。使用相同方法创建腿部关节，完成关节链如图 8-5 所示。

图 8-2　打开素材文件

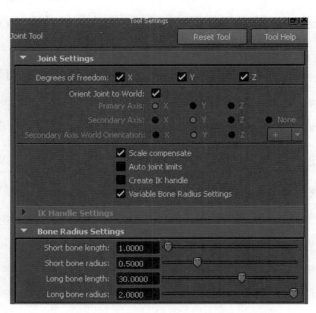

图 8-3　【Tool Settings（工具设置）】窗口

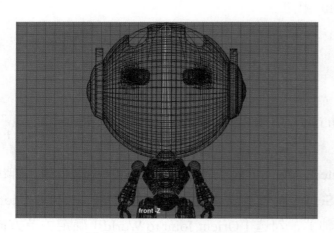

图 8-4　完成的躯干关节链

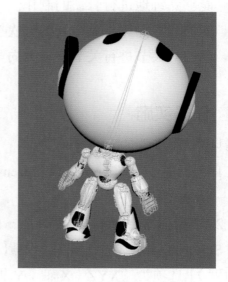

图 8-5　完成的关节链

（6）将胳膊和腿部关节连接到躯干关节上，选择胳膊的根关节"LeftShoulder"，按住【Shift】键加选"Spine3"，按【P】键建立父子关系；选择腿部根关节"LeftUpLeg"，加选关节"Hips"，按【P】键建立父子关系，如图 8-6 所示。

（7）选择关节"LeftShoulder"，单击【Skeleton（骨架）】→【Mirror Joints（镜像关节）】右侧▢按钮，打开【Mirror Joints Options（镜像关节选项）】窗口，设置镜像平面为"YZ"，

重复关节替换名称搜索"LeftShoulder"替换为"RightShoulder"；再选择腿部关节"LeftUpLeg"，重复关节替换名称"LeftUpLeg"替换为"RightUpLeg"。镜像关节如图 8-7 所示。

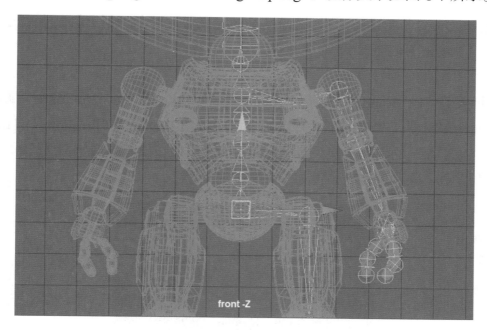

图 8-6　建立父子关系

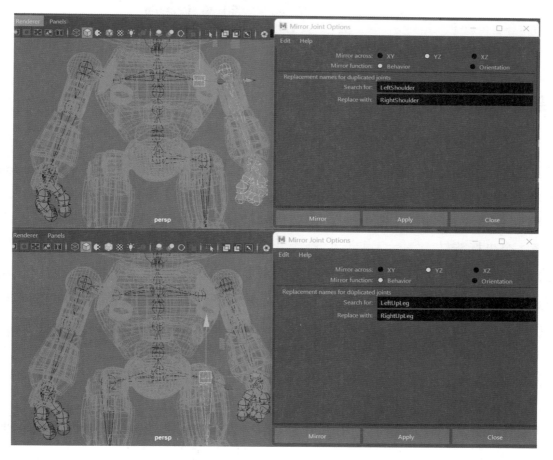

图 8-7　镜像关节

注意

同时选择几个父子关系的对象，最后选择的对象为父对象。按【P】键，相当于执行【Edit（编辑）】→【Parent（父对象）】命令。

（8）选择关节"LeftHand"，执行【Window（窗口）】→【Attribute Editor（属性编辑器）】命令，打开属性编辑器，在【Joint（关节）】面板中的【Degrees of Freedom（自由度）】选项中，取消对"X""Y"的勾选，使关节"LeftHand"只能在 Z 轴的方向上旋转。至此，机器人的骨骼装配完成。限制旋转自由度如图 8-8 所示。

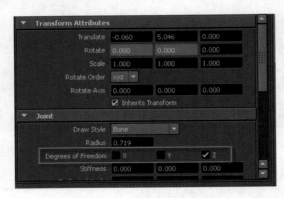

图 8-8　限制旋转自由度

**新知解析**

1. Create Joints（创建关节）

该工具用于创建链接骨骼的关节，用户可以单击【Skeleton（骨架）】→【Create Joints（创建关节）】命令右侧的█按钮，打开【Joint Tool（关节工具）】窗口，如图 8-9 所示。

（1）Degrees of freedom（自由度）：设置创建的骨骼关节可以绕哪条局部坐标旋转，系统默认可绕 3 个坐标旋转。

（2）Orient Joint to World（确定关节方向为世界方向）：勾选此复选框后，使用【Joint Tool（关节工具）】创建的所有关节都将设定为与世界帧对齐。每个关节的局部轴的方向与世界轴相同，并且其他【Orient Joint（确定关节方向）】设置被禁用。取消勾选此复选框后，可以使用其他【Orient Joint（确定关节方向）】设置指定关节对齐。

（3）Primary Axis（主轴）：用于为关节指定主局部轴。这是指向从此关节延伸向下的骨骼的轴。

（4）Secondary Axis（次轴）：用于指定关节次方向的局部轴，应选择两个剩余轴中的一个。若要让 Maya 自动确定【Secondary Axis（次轴）】，则设定为【None（无）】。

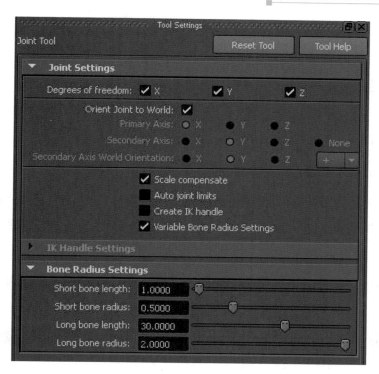

图8-9 【Joint Tool（关节工具）】窗口

（5）Secondary Axis World Orientation（次轴世界方向）：用于设定次轴的方向（正或负）。

（6）Scale compensate（比例补偿）：该功能启用时，若在创建的关节上方缩放骨架层次中的关节，则创建的关节将不会自动缩放，默认为已启用。

（7）Auto joint limits（自动关节限制）：该功能启用时，Maya 可根据构建骨架关节时的角度自动限制关节围绕其轴旋转的范围。

（8）Create IK handle（创建 IK 控制柄）：当创建一个关节时，Maya 创建一个 IK 控制柄。

（9）Variable Bone Radius Settings（可变骨骼半径设置）：当该功能处于启用状态时，【Joint Tool（关节工具）】设置的【Bone Radius Settings（骨骼半径设置）】部分可用。

（10）Short bone length（短骨骼长度）：设置骨骼长度影响关节半径的最小值。

（11）Short bone radius（短骨骼半径）：设置关节半径缩放的最小值。

（12）Long bone length（长骨骼长度）：设置骨骼长度影响关节半径的最大值。

（13）Long bone radius（长骨骼半径）：设置关节半径缩放的最大值。

2. Insert joint Tool（插入关节工具）

该工具可以在任何关节链插入关节，操作方法如下。

（1）执行【Skeleton（骨架）】→【Insert joint Tool（插入关节工具）】命令。

（2）按住需要插入的父关节处并向下拖曳便会在父子关节间创建新的关节。

3. Reboot Skeleton（重定骨架根）

通过改变根关节，从而改变整个骨骼的层级组织。将当前关节指定为其层次的根关节。

4. Remove Joint（移除关节）

除了根关节，还可以移除任何关节并使父关节的骨骼延伸到该关节的子关节。需要注意的是，不能移除已经蒙皮的关节。

5. Disconnect Joint（断开关节）

在当前关节断开骨架，将骨骼分为两个关节链。

6. Connect Joint（连接关节）

用户可以使用一个关节的根关节去结合另一个根关节以外的任何关节来连接两个骨骼，也可以从一个骨骼的关节连接另一个骨骼的根关节来连接两个不同的骨骼的关节。

7. Mirror Joint（镜像关节）

一组或多个连接的关节称为肢体链。镜像是选中对象的平面对称复制，镜像关节如图 8-10 所示。

单击【Skeleton（骨架）】→【Mirror Joint（镜像关节）】命令右侧的 ▣ 按钮，打开【Mirror Joint Options（镜像关节选项）】属性窗口，如图 8-11 所示。

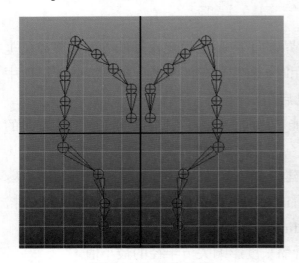

图 8-10　镜像关节

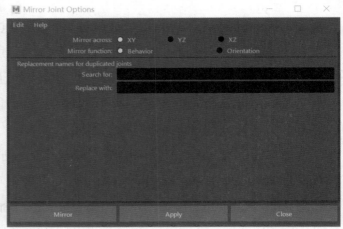

图 8-11　【Mirror Joint Options
（镜像关节选项）】属性窗口

（1）Mirror across（镜像平面）：使用该项设置镜像关节链的平面。

（2）Mirror function（镜像功能）：如果选中【Behavior（行为）】单选按钮，那么新关节的方向与原关节方向相反；如果选中【Orientation（方向）】单选按钮，那么新关节的方向与原关节方向相同。

（3）Search for（搜索）：在对话框中输入新生成关节原来的名称，与【Replace with（重置）】共同使用以替换新生成关节的名称。

（4）Replace with（替换为）：在对话框中输入生成新关节的名称。

任务总结

（1）使用【Skeleton（骨架）】→【Create Joints（创建关节）】命令，创建骨骼，一条关节链只能有一个根关节。

（2）使用【Window（窗口）】→【Outliner（大纲）】命令，建立物体与关节间的层次关系。注意对象名称的使用。

（3）使用【Edit（编辑）】→【Parent（父对象）】命令，可以使选中的对象产生父子关系，最后选中的对象为父对象。

（4）使用【Window（窗口）】→【Attribute Editor（属性编辑器）】命令的【Degree of Freedom（自由度）】选项，设置关节的旋转方向与范围。

任务评估

任务 1　评估表

	任务 1　评估细则	自评	教师评价
1	关节的建立		
2	骨骼与对象的绑定		
3	骨骼旋转的限制设定		
4	关键帧的设置		
5	关节常用命令的使用		
6	案例制作效果		
任务综合评估			

任务 2　对机器人进行控制器装配

对机器人进行控制器装配的效果如图 8-12 所示。

图 8-12　对机器人进行控制器装配的效果

任务分析

1. 制作分析

通过骨骼的建立与绑定，已经可以通过骨骼对机器人进行控制，但对于骨骼的控制较为麻烦，可以通过装配控制器，使用控制器来控制对象的运动，制作出符合实际运动情况的动画。

2. 工具分析

- 使用【Show（显示）】命令来设置窗口对象的显示。
- 使用【Constrain（约束）】→【Point（点约束）】命令设置位置上的约束。
- 使用【Constrain（约束）】→【Orient（方向）】命令设置方向上的约束。
- 使用【Modify（修改）】→【Freeze Transformations（冻结转换）】命令进行参数初始化。

3. 通过本任务的制作，要求掌握以下内容

- 能够在视图中完成任意对象的显示与隐藏。
- 掌握约束的合作方法与操作步骤。
- 掌握控制器的简单装配。

任务实施

具体操作步骤如下。

（1）打开 Maya 2022，执行【File（文件）】→【Open（打开）】命令，打开素材文件 "project8\constrain\jiqiren_constrain.mb"，如图 8-13 所示，将文件另存为 "jiqiren_constrain_ok.mb"。

图 8-13　打开素材文件

（2）选择【Top（顶）】视图，在工具架的【Curves/Sutface（曲线/曲面）】选项卡中单击○按钮，创建一个圆形曲线，命名为"cc1"，用以控制节点"Head"的运动。

（3）使用相同工具创建4个圆形曲线，分别命名为"cc2""cc3""cc4""cc5"，分别来控制"Spine2""Spine1""Spine""Hips"，在【Front（前）】视图中调整四个圆形曲线的位置和大小。绘制控制曲线如图8-14所示。

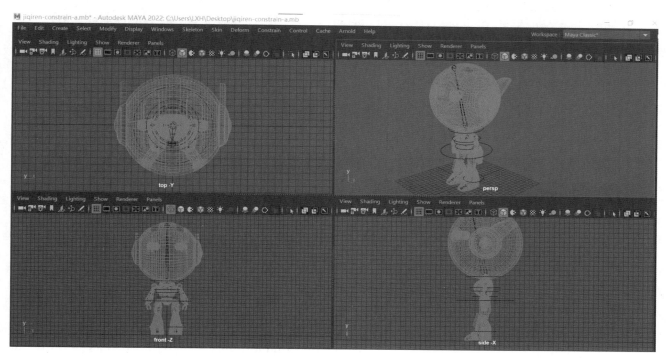

图 8-14　绘制控制曲线

（4）在【Persp（透视）】视图中单击【Show（显示）】菜单，取消对【NURBS Surfaces（NURBS曲面）】与【Polygons（多边形）】复选框的勾选，隐藏窗口中的曲面和多边形，将骨骼显示出来。隐藏曲面和多边形如图8-15所示。

（5）选择"cc1"为约束对象，再选择"Head"作为被约束对象，执行【Constain（约束）】→【Orient（方向约束）命令右侧的□按钮，打开【Orient Constain Options（方向约束选项）】属性窗口，勾选【Maintain Offest（保持偏移）】复选框，设置参数，单击 Add 按钮，从而实现"cc1"对"Head"的方向约束，如图8-16所示。

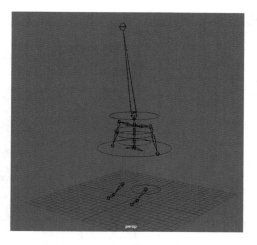

图 8-15　隐藏曲面和多边形

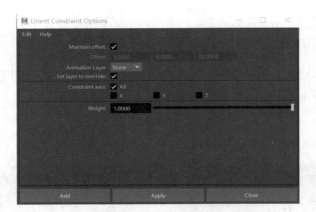

（a）参数　　　　　　　　　　　　　　（b）效果

图 8-16　为"Joint1"设置方向约束

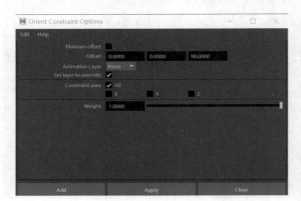

图 8-17　【Orient Constain Options
（方向约束选项）】属性窗口

（6）选择"cc2""cc3""cc4"，分别对"Spine2""Spine1""Spine"执行【Constain（约束）】→【Orient（方向约束）】命令设置约束，实现"cc2"对"Spine2"，"cc3"对"Spine1"，"cc4"对"Spine"的方向约束。【Orient Constain Options（方向约束选项）】属性窗口如图 8-17 所示。

（8）选择"cc5"为约束对象，再选择"Hips"为被约束对象，单击【Constain（约束）】→【Point（点约束）】命令右侧的【▢】按钮，打开【Point Constain Options（点约束选项）】属性窗口，勾选【Maintain offest（保持偏移）】复选框，单击【　Add　】按钮，建立约束关系，使"cc5"与"Hips"建立位置约束关系，如图 8-18 所示。

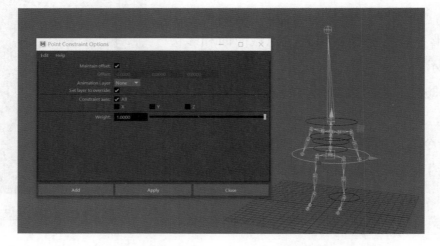

图 8-18　"cc5"与"Hips"建立位置约束关系

> **注意**
>
> ① 点约束勾选【Maintain Offest（保持偏移）】复选框：保留受约束对象的原始平移（约束之前的状态）和相对平移。使用该选项可以保持受约束对象之间的空间关系。
>
> ② 方向约束勾选【Maintain Offest（保持偏移）】复选框：保持受约束对象的原始（在约束之前的状态）、相对旋转。使用该选项可以保持受约束对象之间的旋转关系。

（9）再次创建 2 个圆形曲线，分别命名为"cc6""cc7"，分别对"ikHandle2""ikHandle1"执行【Constain（约束）】→【Point（点约束）】命令设置约束，实现"cc6"对"ikHandle2"，"cc7"对"ikHandle1"的位置约束，如图 8-19 所示。

（10）移动"cc5"，会发现上面 4 条曲线并没有移动，应当为曲线和骨骼设置父子关系。选择"cc4"，加选"Spine"，按【P】键，使其建立父子关系，如图 8-20 所示。

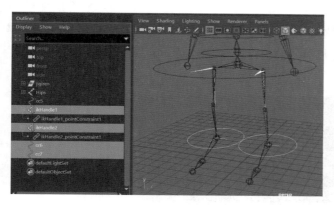
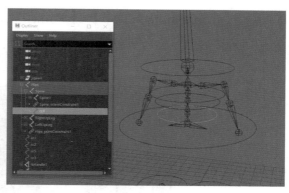

图 8-19　为"ikHandle1""ikHandle2"设置约束　　图 8-20　为"cc4"与"Spine"建立父子关系

（11）继续选择"cc3"与"Spine1"，"cc2"与"Spine2"，"cc1"与"Head"，分别建立父子关系。控制器与骨骼建立父子关系如图 8-21 所示。

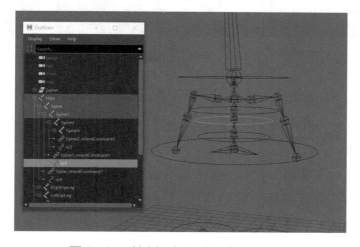

图 8-21　控制器与骨骼建立父子关系

注意

为了便于日后的操作，可调整控制器至合适位置，在进行约束之前，选中曲线，执行【Modify（修改）】→【Freeze Transformations（冻结变换）】命令，进行初始化。

新知解析

使用约束，用户可以基于一个或多个"目标"对象的位置、方向或缩放来控制被约束的对象的相应属性。另外，可以对对象强加特殊的限制，建立动画自动设置过程。

1.【Constrain（约束）】类型

在角色创建与动画中，Maya 包括 9 种类型的约束。

（1）Point（点约束）。使用点约束，用户可以将一个对象的位置约束到一个或多个对象的位置。单击【Constraint（约束）】→【Point（点约束）】命令右侧的▢按钮，打开【Point Constraint Options（点约束选项）】属性窗口，如图 8-22 所示。

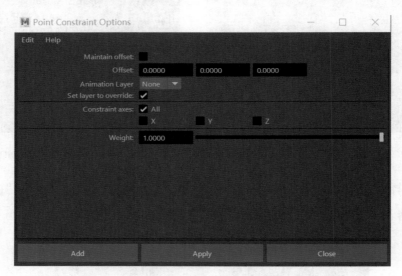

图 8-22 【Point Constraint Options（点约束选项）】属性窗口

① Maintain offset（保持偏移）：勾选此复选框创建约束可以保持被约束对象的当前位置，使被约束对象偏离目标点；取消勾选此复选框，被约束对象将被捕捉到目标点上。

② Offset（偏移）：控制被约束对象与目标点的相对坐标值。

③ Constraint axes（约束轴）：控制被约束项受驱动的轴向。默认三个轴向都受驱动。

④ Weight（权重）：设置目标对象的权重值。权重设置目标点的影响程度。

（2）Aim（目标约束）。目标约束能约束对象的方向，使对象总是瞄准其他对象。目标约束的典型用途包括使灯或摄影机瞄准一个或一组对象。单击【Constrain（约束）】→【Aim（目

标约束）】命令右侧的■按钮，打开【Aim
Constrain Options（目标约束选项）】属性
窗口，如图 8-23 所示。

① Aim vector（目标向量）：设置目标
向量在被约束对象局部空间的方向。目标
向量将指向目标点，从而迫使约束对象确
定自身的方向。

② Up vector（上方向矢量）：设置上
向量在被约束对象的局部空间的方向。默
认设置对象局部旋转 Y 轴正向将与上向量
排列在同一条线上。

③ World up type（世界上方向类型）：
设置整体上向量的类型，它包括以下几种类型。

图 8-23　【Aim Constrain Options
（目标约束选项）】属性窗口

- Scene up（场景上方向）：整体上向量在整体空间中为正 Y 方向。
- Object up（对象上方向）：整体上向量为任一对象的矢量方向。在【World up object（世界上方向对象）】文本框中输入对象的名称。
- Object rotation up（对象旋转上向量）：整体上向量为任一对象的旋转矢量方向。在【World up object（世界上方向对象）】文本框中输入对象的名称。
- Vector（向量）：整体上向量在整个空间上的方向。在【World up vector（整体上矢量）】中可以输入数值。
- None（无）：不设置 World 向量方向。

④ Weight（权重）：设置被约束目标的方向受目标对象的影响程度。

（3）Orient（方向约束）。方向约束引起一个对象跟随一个或多个对象的方向。单击
【Constraint（约束）】→【Orient（方向约束）】命令右侧的■按钮，打开【Orient
Constrain Options（方向约束选项）】属性
窗口，如图 8-24 所示。

① Maintain offset（保持偏移）：勾选
此复选框创建约束可以保持被约束对象
的当前方向，使被约束对象的旋转方向偏
离目标旋转方向；取消勾选此复选框，被
约束对象将捕捉目标对象旋转方向。

② Offset（偏移）：该项控制被约束
对象与目标点的相对旋转坐标值。

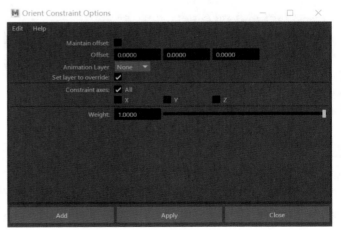

图 8-24　【Orient Constrain Options
（方向约束选项）】属性窗口

③ Constraint axes（约束轴）：控制被约束项受驱动的轴向。默认三个轴向都受驱动。

④ Weight（权重）：设置被约束对象的旋转受目标对象旋转影响的程度。

（4）Scale（缩放约束）。缩放约束可以使一个对象跟随一个或多个目标对象的缩放而缩放。单击【Constrain（约束）】→【Scale（缩放约束）】命令右侧的▢按钮，打开【Scale Constrain Options（缩放约束选项）】属性窗口，如图 8-25 所示。

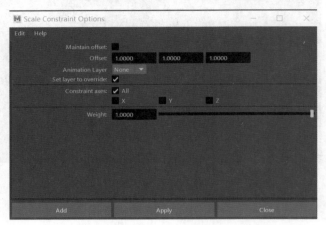

图 8-25 【Scale Constrain Options（缩放约束选项）】属性窗口

① Maintain offset（保持偏移）：勾选此复选框创建约束可以保持被约束对象的当前缩放值，使被约束对象的缩放值偏离目标缩放值；取消勾选此复选框，被约束对象将捕捉目标对象缩放值。

② Offset（偏移）：该项控制被约束对象与目标点的相对缩放值。

③ Constraint axes（约束轴）：控制被约束项受驱动的轴向，默认三个轴向都受驱动。

④ Weight（权重）：设置被约束对象的缩放受目标对象缩放影响的程度。

（5）Parent（父对象）。它将约束对象视为父对象，被约束对象的移动和旋转都将随父对象变化而变化。单击【Constrain（约束）】→【Parent（父对象）】命令右侧的▢按钮，打开【Parent Constrain Options（父对象选项）】属性窗口，如图 8-26 所示。

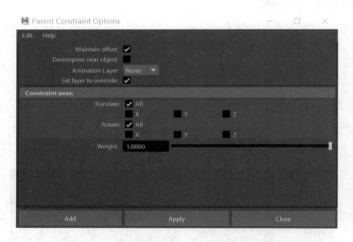

图 8-26 【Parent Constrain Options（父对象选项）】属性窗口

① Maintain offset（保持偏移）：勾选此复选框创建约束可以保持被约束对象的当前变化值，使被约束对象的缩放值偏离目标变化值，取消勾选此复选框，被约束对象将捕捉目标对象变化值。

② Constraint axes（约束轴）：控制被约束项受驱动的轴向，默认三个轴向都受驱动。

③ Weight（权重值）：设置被约束对象的变化受目标对象变化影响的程度。

（6）Geometry（几何体约束）。几何体约束可以将对象约束到曲面或曲线上。它可以将几何体限制到 NURBS 表面、多边形表面和 NURBS 曲线上。

（7）Normal（法线约束）。法线约束可以约束对象的方向，使对象方向与 NURBS 曲面或多边形曲面的法线矢量对齐。

（8）Tangent（切线约束）。切线约束可以约束对象的方向，使对象总是指向曲线的方向。

（9）Pole Vector（极向量约束）。极向量约束使极向量的末端移动至并跟随一个对象的位置，或几个对象的平均位置。

2. 约束其他操作

（1）Remove Target（移除目标）。在创建任意一个约束后，用户可以使用移除目标命令去除任何一个目标对象，使其不再约束被约束的对象。

单击【Constrain(约束）】→【Remove Target(移除目标）】命令右侧的█按钮，打开【Remove Target Options（移除目标选项）】属性窗口，如图8-27所示。

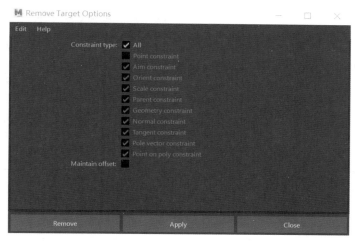

图8-27 【Remove Target Options（移除目标选项）】属性窗口

① Constraint type（约束类型）：从该项中选择要去除的约束类型，默认是全部的约束类型。

② Maintain offset（保持偏移）：勾选此复选框，修改约束可以保持被约束物体的当前方向，使被约束对象偏移目标点。

（2）Set Rest Position（设置静止位置）。使用该命令可以将被约束对象还原创建约束时的初始位置。

（3）Modify Constrained Axis（修改受约束的轴）。在创建任意一个约束后，用户可以使用该命令为约束重新指定约束轴。

 任务总结

（1）使用约束，用户可以基于一个或多个"目标"对象的位置、方向或缩放来控制被约束的对象的相应属性。另外，可以对对象强加特殊的限制，建立动画自动设置过程。

（2）在角色创建与动画中，Maya包括9种类型的约束。

① Point（点约束）。

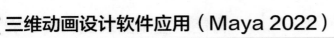

② Aim（目标约束）。

③ Orient（方向约束）。

④ Scale（缩放约束）。

⑤ Parent（父对象）。

⑥ Geometry（几何体约束）。

⑦ Normal（法线约束）。

⑧ Tangent（切线约束）。

⑨ Pole Vector（极向量约束）。

（3）约束其他操作有【Remove Target（移除目标）】、【Set Rest Position（设置静止位置）】和【Modify Constrained Axis（修改受约束的轴）】，对于已经建立的不适宜的约束可以通过这些命令来进行调整。

（4）建立约束时应该注意类型的选择和目标的设定方式。

任务评估

任务2 评估表

任务2 评估细则		自评	教师评价
1	约束的理解		
2	约束的设置		
3	约束的编辑修改		
4	能够使用约束进行动画的制作		
5	任务的制作效果		
任务综合评估			

任务3 使用蒙皮进行手臂的骨骼绑定

使用蒙皮进行手臂的骨骼绑定，骨骼蒙皮效果如图8-28所示。

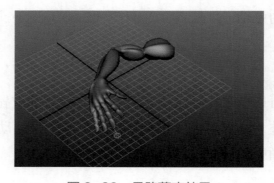

图8-28 骨骼蒙皮效果

任务分析

1. 制作分析

对骨骼系统进行动画设置相当于产生了木偶钢丝支架的动态效果，若要使骨骼带动角色模型产生运动效果，则需要对骨骼进行蒙皮处理。

- 使用【Create Joints（创建关节）】命令为手臂添加骨骼。
- 使用【Create IK Handle（创建 IK 控制柄）】命令在关节中建立反向动力学控制器。
- 使用【Interactive Skin Bind（交互式蒙皮绑定）】命令绑定骨骼和手臂模型。

2. 工具分析

- 使用【Skeleton（骨架）】→【Create Joints（创建关节）】命令为手臂添加骨骼。
- 使用【Skeleton（骨架）】→【Create IK Handle（创建 IK 控制柄）】命令在关节间创建反向动力控制器。
- 使用【Interaction Skin Bind（交互式蒙皮绑定）】命令绑定骨骼和手臂模型。

3. 通过本任务的制作，要求掌握以下内容

- 学会使用【Create IK Handle（创建 IK 控制柄）】命令为关节添加反向动力学控制器。
- 学会使用【Interaction Skin Bind（交互式蒙皮绑定）】命令绑定骨骼和手臂模型。
- 学会使用【Unbind Skin（取消绑定蒙皮）】命令解除骨骼绑定。

任务实施

具体操作步骤如下。

（1）执行【File】→【Open】命令，打开素材文件"project8/skin/scenes/arm.mb"，如图8-29 所示。将文件另存为"arm-OK.mb"。

（2）转换至【Top（顶）】视图，执行【Skeleton 骨架】→【Joint Tool（关节工具）】命令，对手臂模型的关节部位模型结构进行骨骼系统创建。创建骨骼系统如图 8-30 所示。

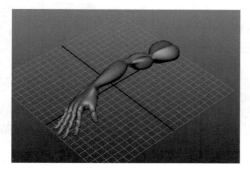

图 8-29　打开素材文件

图 8-30　创建骨骼系统

（3）切换至透视图，通过对骨骼关节进行移动和旋转操作，使骨骼与手臂模型相匹配。

调整骨骼与模型的位置如图 8-31 所示。

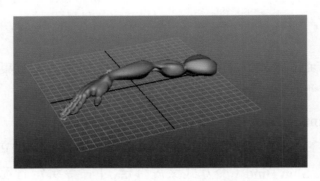

图 8-31　调整骨骼与模型的位置

 说　明 ....

在为角色进行骨骼创建和编辑时，为了操作方便，可以执行【View（试图）】→【Shading（着色）】→【X-Ray（X 射线显示）】命令，将模型以"一般透明方式"显示，制作者可以更加直观地观察骨骼与模型之间的位置关系。

（4）执行【Skeleton（骨架）】→【Create IK Handle（创建 IK 控制柄）】命令，在关节链中依次单击肩关节和手腕处关节，这样将在关节链中创建反向动力学控制器。创建反向动力学控制器如图 8-32 所示。

（5）选择关节链中处于父级根关节并按【Shift】键加选手臂模型，执行【Skin（蒙皮）】→【Bind Skin（绑定蒙皮）】→【Interactive Skin Bind（交互式蒙皮绑定）】命令，在骨骼和手臂之间建立起绑定关系，单击手臂模型，可以看到该模型的参数已经被绑定。骨骼与模型绑定如图 8-33 所示。

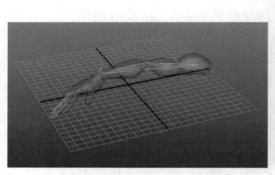

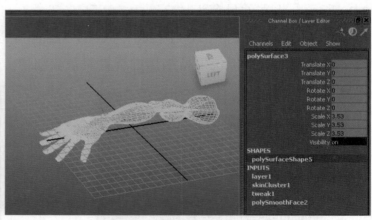

图 8-32　创建反向动力学控制器　　　　　图 8-33　骨骼与模型绑定

（6）对骨骼关节进行旋转或者通过移动 IK 控制柄使骨骼产生运动，可以观察到手臂模型受到骨骼牵动产生了同步的变形运动效果。手臂变形运动效果如图 8-34 所示。

（7）再次选择关节中父级根关节和手臂模型，执行【Skin（蒙皮）】→【Unbind Skin（取消绑定蒙皮）】命令，取消骨骼与模型之间的绑定关系，同时模型也恢复为绑定之前的状态。取消绑定蒙皮如图 8-35 所示。

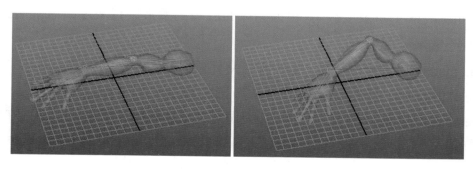

图 8-34　手臂变形运动效果

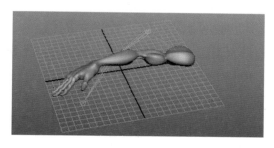

图 8-35　取消绑定蒙皮

新知解析

1. Interactive Skin Bind（交互式蒙皮绑定）

平滑蒙皮通过几个关节影响相同的可变形对象来提供平滑的、有关节连接的变形效果。创建交互式蒙皮绑定如图 8-36 所示。

单击【Skin（蒙皮）】→【Interactive Skin Bind（交互式蒙皮绑定）】命令右侧的■按钮，打开【Interactive Bind Skin Options（交互式蒙皮绑定选项）】属性窗口，如图 8-37 所示。

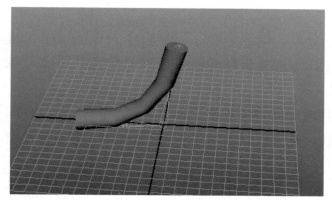

图 8-36　创建交互式蒙皮绑定

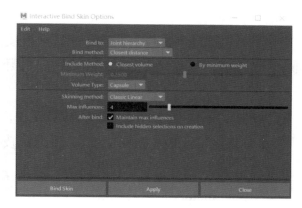

图 8-37　【Interactive Bind Skin Options（交互式蒙皮绑定选项）】属性窗口

（1）Bind to（绑定到）：设置蒙皮绑定的范围。

① Joint hierarchy（关节层级）：将模型绑定到与所选关节相连的整体关节层级系统上。

② Selected joint（选定关节）：将模型绑定在所选的关节上。

③ bject hierarchy（对象层级）：根据物体的层级关系来进行蒙皮，通常借助【Locator】对象来对模型产生绑定作用。

（2）Bind method（绑定方法）：可以指定关节影响发生作用的方式。

① Closest distance（最近距离）：设置关节影响基于蒙皮点的接近程度。

② Closest in hierarchy（在层次中最近）：设置关节影响基于骨骼的层级。在设置角色时，通常用这种方式。

③ Heat Map（热量贴图）：使用热量扩散技术分发影响权重。基于网格中的每个影响对象设定初始权重，该网格用作热量源，并在周边网格发射权重值。较高（较热）权重值最接近关节，向远离对象的方向移动时会降为较低（较冷）的值。

④ Geodesic Voxel（现地线体素）：使用网格的体素表示帮助计算影响权重。

（3）Normalize Weights（规格化权重）：用于设定平滑蒙皮权重规格化的方式，可避免在规格化过程中为多个顶点设定小权重值的情况。

① None（无）：禁用平滑蒙皮权重规格化。

② Interactive（交互式）：启用后，Maya 会在添加或移除影响以及绘制蒙皮权重时规格化蒙皮权重值（此为默认设置）。

③ Post（后期）：启用时，Maya 会在网格变形时计算规格化的蒙皮权重值，防止任何不正确的变形。网格上未存储任何规格化权重值，这使用户可以继续绘制权重或调整交互式绑定操纵器，而不会让规格化过程更改先前的蒙皮权重操作。

（4）Max influences（最大影响）：可以控制模型顶点受骨骼影响的最大权重。

（5）After bind（绑定后）：

① Maintain max influences（保持最大影响）。

② Include hidden selections on creation（在创建时包含隐藏的选择）。

2. Unbind Skin（取消绑定蒙皮）

该命令可以将选定的模型与骨骼进行皮肤分离。单击【Skin（蒙皮）】→【Unbind Skin（取消绑定蒙皮）】命令右侧的□按钮，打开【Detach Skin Options（分离蒙皮选项）】属性窗口，如图 8-38 所示。

（1）History（历史）：设置分离蒙皮后，将对蒙皮对象的位置和节点产生影响。

① Delete history（删除历史）：将分离皮肤恢复到它原始的、未变形的形状，并且删除蒙皮节点。

② Keep history（保持历史）：将分离皮肤恢复到它原始的、未变形的形状，但不删除蒙皮节点。

图 8-38　【Detach Skin Options（分离蒙皮选项）】属性窗口

③ Bake History（烘焙历史）：分离蒙皮并删除它的蒙皮簇节点，但不会将蒙皮移动到其原始的、未变形的形状。

（2）Coloring（上色）：是否去除在绑定过程中设置给关节的颜色。

 ## 任务总结

（1）使用【Skeleton（骨架）】→【Create Joints（创建关节）】命令可以为对象添加骨骼。

（2）使用【Skeleton（骨架）】→【Create IK Handle（创建 IK 控制柄）】命令在关节中创建反向动力学控制器。

（3）使用【Interactive Skin Bind（交互式蒙皮绑定）】命令可以将对象与骨骼进行平滑蒙皮，而【Rigid Bind（刚体蒙皮）】命令可以将对象与骨骼进行刚体蒙皮。注意两者的区别及应用。

（4）使用【Unbind Skin（取消绑定蒙皮）】命令可以使绑定的对象与骨骼分离，重新进行蒙皮设定。

 ## 任务评估

任务 3　评估表

任务 3　评估细则		自评	教师评价
1	骨骼的创建与编辑		
2	反向动力学控制器的设置		
3	【Skin（蒙皮）】命令的使用		
4	【Unbind Skin（取消绑定蒙皮）】命令的使用		
5	任务的制作效果		
任务综合评估			

第 9 章
渲染合成

1. 渲染基础概念

【Rendering（渲染）】是将三维软件中制作的场景与动画输出为图片浏览器或视频播放器能够读取的图像文件的关键步骤。通过渲染计算可以将三维场景中的照明情况、物体的投影、物体之间的反射与折射以及物体的材质贴图等真实地表现出来。

2. 测试渲染与最终渲染

（1）测试渲染。在对场景进行构建的过程中（包括材质纹理的指定、场景布光和摆放摄影机等），制作者需要反复对场景进行测试渲染以观察当前场景效果。通过测试渲染可以发现并校正当前场景存在的问题，也可以估计最终渲染的时间，并在图像质量和渲染速度之间进行权衡。

（2）最终渲染。经过一系列的测试渲染和调整之后，当效果达到制作者预期目标时，可以对场景进行最终渲染。在 Maya 中可以将场景渲染输出为单帧图像、动画场景片段以及完整时间长度的动画影像文件。

通过对本章的学习，将学到以下内容。

① 了解渲染的基础概念。

② 能够运用渲染技术进行测试渲染。

③ 能够运用渲染技术进行场景、动画的最终渲染。

④ 能够通过参数的调整，进行不同形式的渲染。

任务 1　对给出的场景进行渲染

场景渲染的效果如图 9-1 所示。

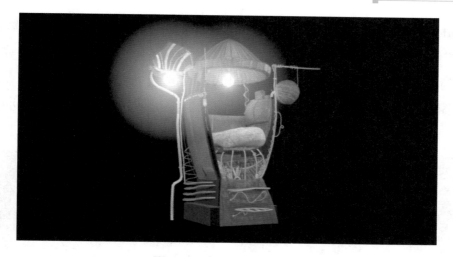

图 9-1　场景渲染的效果

任务分析

1. 制作分析

- 使用【File（文件）】→【Open Scene（打开场景）】命令打开所需的场景文件。
- 使用【Render（渲染）】命令完成场景的渲染。

2. 工具分析

- 使用【File（文件）】→【Open Scene（打开场景）】命令，打开已存在的场景文件。
- 使用【Open Render View（打开渲染视图）】命令对场景进行渲染操作。

3. 通过本任务的制作，要求掌握以下内容

- 学会使用【File（文件）】→【Open Scene（打开场景）】命令打开已存在的场景文件。
- 学习使用【Render（渲染）】命令，并熟练进行参数调整。

任务实施

具体操作步骤如下。

（1）打开项目。执行【File（文件）】→【Open Scene（打开场景）】命令，打开素材文件"Project9/shuimo_Project/scenes/changjing.mb"，如图 9-2 所示。

（2）单击状态行中的█按钮或执行【Window（窗口）】→【Render Editors（渲染编辑器）】→【Render Settings（渲染设置）】命令，打开【Render Settings（渲染设置）】窗口。

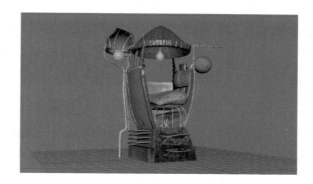

图 9-2　打开素材文件

（3）【Render Settings（渲染设置）】窗口选择【Maya Softwarel（Maya 软件）】渲染，在【Image Size（图像大小）】选项栏中，设置【Presets（预设）】选项为 640×480，并在【Anti-aliasing Quality（抗锯齿质量）】选项栏中，设置【Quality（质量）】为【Preview Quality（预览质量）】，单击渲染视图窗口上方的 ■ 按钮，对场景进行渲染。渲染属性设置如图 9-3 所示。

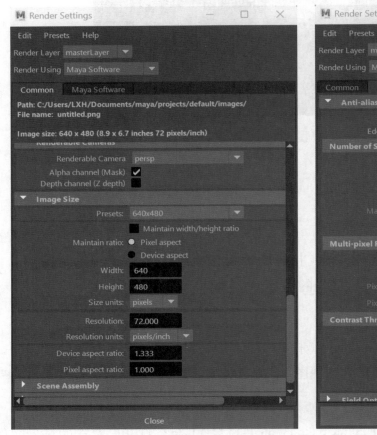
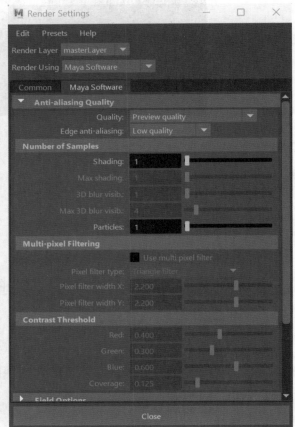

（a）预设 640×480　　　　　　　　　　　　（b）抗锯齿质量

图 9-3　渲染属性设置

 新知解析

渲染窗口由两部分功能区域所组成，分别是上方的菜单及功能按钮区域和下方的渲染图像显示区域。渲染窗口的组成如图 9-4 所示。

（1）将光标放置在渲染窗口的四角边框处，当鼠标变成 ↖ 或 ↗ 时，按住鼠标左键进行拖曳可以改变渲染图像显示窗口的大小。

（2）单击渲染视图窗口上方的 ■ 按钮，可以将渲染图像以原来的像素尺寸进行显示。

（3）在渲染视图窗口中同时按住【Alt】键和鼠标右键进行拖曳，可以改变渲染图像的显示尺寸；同时按【Alt】键和鼠标中键进行拖曳，可以改变渲染图像在窗口中的位置。

（4）在场景中选择车顶棚，执行渲染图像窗口菜单中的【Render（渲染）】→【Render Selected

Objects（仅渲染选定对象）】命令，单击视图窗口上方的▣按钮，只有当前处于选中状态的对象才能被渲染出来。渲染所选择对象如图9-5所示。

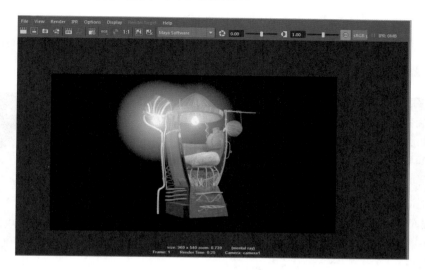

图9-4　渲染窗口的组成

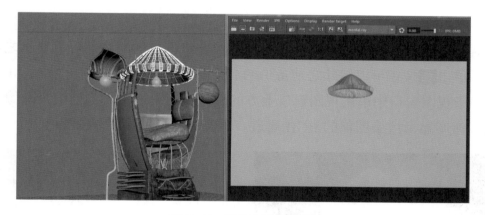

图9-5　渲染所选择对象

（5）在渲染视图窗口中按住鼠标左键进行拖曳，产生红色矩形线框，单击视图窗口上方的▣按钮，只有矩形选框内的区域才能进行渲染计算。区域渲染设置如图9-6所示。

图9-6　区域渲染设置

（6）在渲染视图窗口中单击视图窗口上方的█按钮，可以将透视图中的场景线框效果以快照的方式捕获到渲染视图中进行显示，这有利于更加清晰地选取渲染区域。单击█按钮将对选定区域进行渲染，视图线框快照如图 9-7 所示。

（7）在渲染视图窗口中单击视图窗口上方的█按钮，可以将当前渲染图像进行备份，便于参数调整时对调整前后的图像效果进行比较。

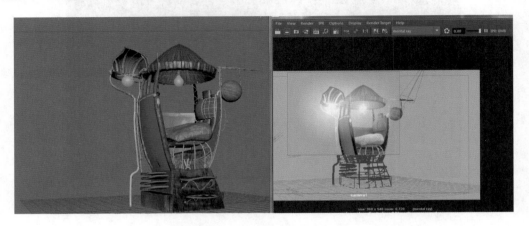

图 9-7　视图线框快照

（8）在对场景进行重新渲染后，拖曳渲染图像窗口下方的滑块，可以显示之前备份的渲染图像效果；单击█按钮可以清除之前备份的渲染图像。

（9）在渲染视图窗口中单击视图窗口上方的█按钮，可以显示当前渲染图像的 Alpha 通道；单击█按钮则显示渲染图像的 RGB 通道。图像通道显示如图 9-8 所示。

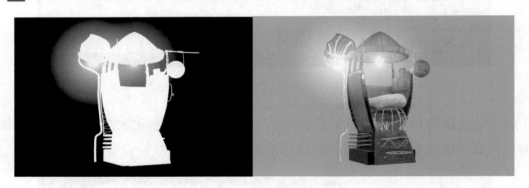

图 9-8　图像通道显示

（10）执行渲染视图窗口菜单中的【File（文件）】→【Save Image（保存图像）】命令，可以在弹出的图像保存窗口中设置图像的存储路径、名称和格式。

 任务总结

（1）使用【File（文件）】→【Open Scene（打开场景）】命令打开已完成的场景。

（2）使用【Window（窗口）】→【Render Editors（渲染编辑器）】→【Render Settings（渲

染设置）】命令调整渲染参数。

（3）使用渲染命令完成文件的渲染。

（4）使用渲染视图窗口菜单中的【File（文件）】→【Save Image（保存图像）】命令保存渲染的图像。

任务评估

任务 1 评估表

任务 1 评估细则		自评	教师评价
1	打开场景		
2	调整渲染参数		
3	渲染生成		
4	保存渲染图像		
任务综合评估			

任务 2 使用 IPR 渲染场景

IPR 是"渲染视图"渲染的一个组件，允许用户快速高效地预览和调整灯光、着色器、纹理和 2D 运动模糊。IPR 是工作时实现场景可视化的理想方案，它几乎可以立即显示用户所做的修改。

任务分析

1. 制作分析

- 使用【File（文件）】→【Open Scene（打开场景）】命令，打开所需的场景文件。
- 使用【IPR】→【Update Shadow Maps（更新阴影贴图）】命令更新灯光阴影位置。
- 使用【Render（渲染）】→【IPR Render Current Frame（IPR 渲染当前帧）】命令完成场景的变幻渲染。

2. 工具分析

- 使用【File（文件）】→【Open Scene（打开场景）】命令，打开已存在的场景文件。
- 使用【Render（渲染）】→【IPR Render Current Frame（IPR 渲染当前帧）】对场景进行渲染操作。

3. 通过本任务的制作，要求掌握以下内容

- 学会使用【File（文件）】→【Open Scene（打开场景）】命令，打开已存在的场景文件。

● 学习使用 IPR 渲染方法，并熟练进行参数设置。

 任务实施

具体操作步骤如下。

（1）打开项目。执行【File（文件）】→【Open Scene（打开场景）】命令，打开素材文件 "Project9/S_summerhouse/scenes/6-1-summerhouse_Txfiral.mb"，【Render Settings（渲染设置）】选择【Maya Software（Maya 软件渲染）】。

（2）执行【Render（渲染）】→【IPR Render Current Frame（IPR 渲染当前帧）】命令或者在渲染图像窗口中单击■按钮，对场景进行渲染。

（3）在渲染视图窗口中，按鼠标左键拖曳出矩形区域，定义自动更新渲染的范围。

（4）选择场景中的灯光，按【Ctrl+A】组合键，打开 SpotLight Shape10 灯光的属性编辑器，改变【Color（颜色）】选项，在渲染图像中被选择的区域将自动进行更新渲染。自动更新渲染如图 9-9 所示。

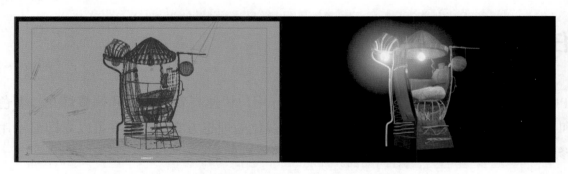

图 9-9　自动更新渲染

（5）改变灯光照射位置，在渲染图像窗口中可以观察到指定区域内自动进行了更新渲染，但是灯光照射的阴影区域并未进行自动更新。执行渲染视图窗口菜单中的【IPR】→【Update Shadow Maps（更新阴影贴图）】命令，对阴影位置进行重新渲染并产生正确的渲染效果。更新阴影贴图如图 9-10 所示。

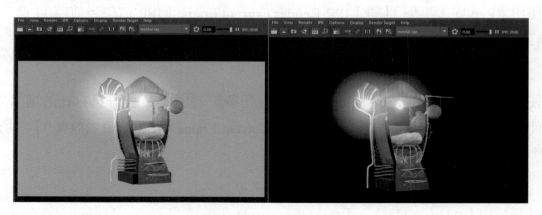

图 9-10　更新阴影贴图

（6）选择 Sunmerhouse Txfiral（模型）对象，在材质属性编辑面板中将【Transparency（透明度）】选项调整为白色，可以观察到在 IPR 渲染区域对灯泡材质透明度变化进行了自动更新渲染，然而并未取得正确的渲染效果。

（7）在渲染视图窗口中单击■按钮，对场景重新进行 IPR 渲染，可以产生正确的材质透明效果。手动更新渲染如图 9-11 所示。

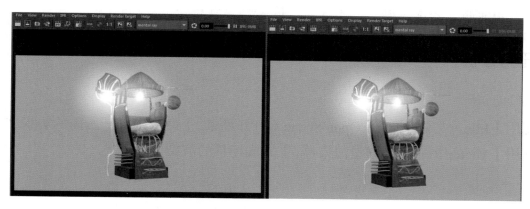

图 9-11　手动更新渲染

新知解析

IPR（Interactive Photorealistic Rendering，交互式真实照片级渲染）方式使用户在对场景做出改变的同时自动更新渲染，但是不能渲染光线追踪下的场景。

IPR 渲染将产生大量的图像文件，这些文件自动存储在工程目录的"renderData/iprImages"目录下，扩展名为".iff"，将这些文件删除可以释放硬盘空间。

任务总结

（1）使用【File（文件）】→【Open Scene（打开场景）】命令，打开已完成的场景。

（2）使用【Render（渲染）】→【IPR Render Current Frame（IPR 渲染当前帧）】命令渲染场景。

（3）使用【IPR】→【Update Shadow Maps（更新阴影贴图）】命令更新阴影。

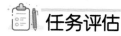

任务评估

任务 2　评估表

任务 2　评估细则		自评	教师评价
1	打开场景		
2	更新阴影贴图		
3	渲染生成		
任务综合评估			

任务3　使用 Maya 向量渲染方式渲染动画角色

Maya 向量渲染器可以创建各种位图图像格式（如 IFF、TIFF 等）或 2D 向量格式的固定格式渲染（如卡通、艺术色调、艺术线条、隐藏性、线框）。

 任务分析

1. 制作分析

- 使用【File（文件）】→【Open Scene（打开场景）】命令，打开所需的场景文件。
- 使用【Voctor Render（向量渲染器）】完成场景的渲染。

2. 工具分析

- 使用【File（文件）】→【Open Scene（打开场景）】命令，打开已存在的场景文件。
- 使用【Vector Render（向量渲染器）】命令渲染所需要的场景文件。

3. 通过本任务的制作，要求掌握以下内容

- 学会使用【File（文件）】→【Open Scene（打开场景）】命令打开已存在的场景文件。
- 学会使用向量渲染方式渲染所需的文件场景。

任务实施

具体操作步骤如下。

（1）打开项目。执行【File（文件）】→【Open Scene（打开场景）】命令，打开素材文件"Project9/renwusan/scenes/Katong.mb"，场景中包含了卡通角色的多边形对象。

（2）执行【Window（窗口）】→【Rendering Editors（渲染编辑器）】→【Render Settings（渲染设置）】命令，打开【Render Settings（渲染设置）】窗口，在【Render Using（使用以下渲染器渲染）】下拉列表中，选择【Maya Vector（Maya 向量）】渲染器类型，如图 9-12 所示。

（3）在渲染设置窗口中单击【Common（通用）】选项卡，并在【File Output（文件输出）】选项栏下的【Image format（图像格式）】下拉列表中选择【Macromedia SWF（swf）】文件格式，也可以根据需要设置其他图像格式类型。选择图像输出格式如图 9-13 所示。

（4）在渲染设置窗口中单击【Maya Vector（Maya 向量）】选项卡，并在【Image Format Options（图像格式选项）】选项栏中调整【Frame rate（帧速率）】参数值为 SWF 格式通用的 12 帧/秒，如果渲染生成的动画文件用于电视播放，那么将该参数调整为 PAL 电视标准对应的 25 帧/秒或 NTSC 电视标准对应的 30 帧/秒。

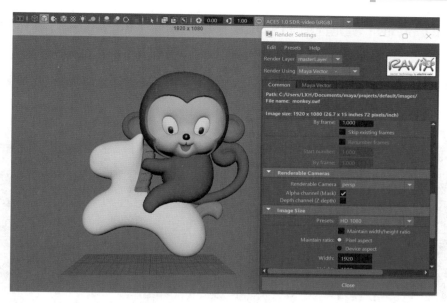

图 9-12 选择【Maya Vector（Maya 向量）】渲染器类型

图 9-13 选择图像输出格式

（5）在【Flash version（Flash 版本）】选项下可以选择渲染生成的 SWF 动画文件所对应的 Flash 版本。

（6）在【Edge Options（边选项）】选项栏中勾选【Include edges（包括边）】复选框，并对场景进行渲染，会看到在物体边缘出现描线效果。添加边缘描线效果如图 9-14 所示。

图 9-14 添加边缘描线效果

（7）在【Fill Options（填充选项）】选项栏中取消勾选【Fill objects（填充对象）】复选框，在渲染时将不会对物体内部的填充颜色进行计算，同时在【Edge Options（边选项）】选项栏中将【Edge color（边颜色）】选项调整为白色，对场景进行渲染，白描卡通渲染效果如图 9-15 所示。

图 9-15　白描卡通渲染效果

（8）勾选【Fill objects（填充对象）】复选框，在【Appearance Options（外观选项）】选项栏中调整【Curve tolerance（曲线容差）】参数为 15，并对场景进行渲染，可以观察到渲染图像与物体初始形状相比出现了较大的误差，调整曲线容差值如图 9-16 所示。

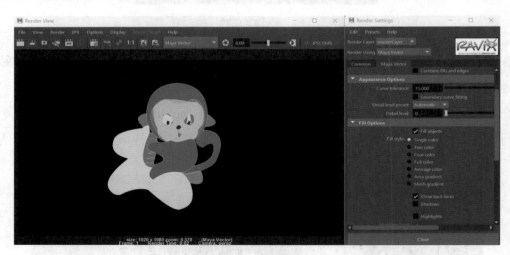

图 9-16　调整曲线容差值

（9）【Fill Options（填充选项）】选项栏的【Fill Style（填充样式）】选项用于改变对象的颜色填充效果，共有 7 种填充类型，分别是【Single color（单色）】、【Two color（双色）】、【Four color（四色）】、【Full color（全色）】、【Average color（平均颜色）】、【Area gradient（区域渐变）】类型、【Mesh gradient（网格渐变）】，填充效果如图 9-17 所示。

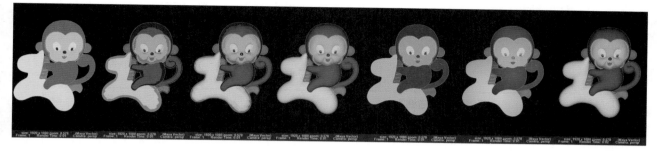

图 9-17　填充效果

（10）在场景中创建【Point Light（点光源）】对象，调整光源照射位置和角度，并在属性编辑面板中勾选【Use Depth Map Shadows（使用深度贴图阴影）】复选框，这样将在场景渲染图像中产生阴影效果，如图 9-18 所示。

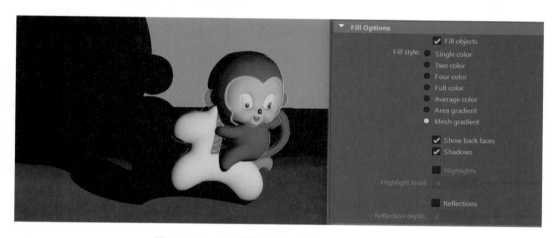

图 9-18　在场景渲染图像中产生阴影效果

 新知解析

【Maya Vector（Maya 向量）】渲染器可以渲染生成具有卡通风格的矢量文件，导出后还可以在 Illustrator 和 Flash 等软件中进一步编辑。

在渲染设置窗口的【Render Using（使用以下渲染器渲染）】下拉列表中，如果没有显示出【Maya Vector（Maya 向量）】类型，那么可以执行【Window（窗口）】→【Settings/Preferences（设置/参数）】→【Plug_in Manager（插件管理器）】命令，并在插件管理器窗口中勾选【Vector Render（向量渲染器）】选项右侧的【Loaded（加载）】复选框。

 任务总结

（1）使用【File（文件）】→【Open Scene（打开场景）】命令，打开已完成的场景。

（2）使用向量渲染命令渲染卡通风格角色。

（3）了解向量渲染属性的参数设置。

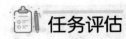任务评估

任务 4　评估表

任务 4　评估细则		自评	教师评价
1	打开场景		
2	向量渲染生成		
3	参数设置		
任务综合评估			

第 10 章
综合案例

本书前 9 章对 Maya 的各个模块作了详细的介绍和解析，本章主要以综合实例的方式将前面 9 章的知识作一个统筹与融合。本章将从初级建模、材质附加、骨骼装配与绑定、动画调配、灯光渲染全方位地进行案例实战。

通过对本章的学习，将学到以下内容。

① 了解动画制作的整个流程。

② 能够自主完成动画的整体创作。

■ 任务 1　时光机模型的创建

在各类三维电影动画中，三维建模师们需要设计各种各样的场景、道具，这些三维模型可以通过 Polygon 和 Surfaces 建模来完成，如图 10-1 所示为时光机模型创建。

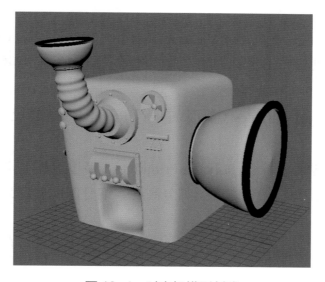

图 10-1　时光机模型创建

 任务分析

1. 制作分析

● 使用【Surfaces（曲面）】命令完成镜头的制作。

● 使用【Polygon（多边形）】命令建模完成机身和传送带的制作。

2. 工具分析

● 使用【Create（创建）】→【CV Curve Tool（CV 曲线）】命令绘制镜头的曲线。

● 使用【Surfaces（曲面）】→【Revolve（旋转成型）】命令完成镜头的创建。

● 使用【Create（创建）】→【Cylinder（圆柱体）】、【Cube（立方体）】、【Torus（圆环）】命令完成机身和传送带等其他部位的创建。

3. 通过本任务的制作，要求掌握以下内容

● 学会使用【Create（创建）】→【Polygon Primitives（多边形基本体）】命令，熟练掌握基本几何体的创建。

● 学会使用【Create（创建）】→【CV Curve Tool（CV 曲线工具）】命令创建曲线，再旋转成型制作所需的几何形体。

 任务实施

具体操作步骤如下。

（1）执行【File（文件）】→【Project Window（项目窗口）】命令，打开【New Project（新建场景）】属性窗口，在窗口中指定项目名称为"Shiguangji_ Project"，单击【Use Default（使用默认值）】按钮使用默认的数据目录名称，单击【Accept（接受）】按钮完成项目目录的创建。

（2）执行【Create（创建）】→【CV Curve Tool（CV 曲线工具）】命令，在【Front（前）】视图里创建曲线，可以通过单击鼠标右键不放，选择【Edit Point（编辑点）】模式对其进行调整。创建 CV 曲线如图 10-2 所示。

（3）选择曲线，执行【Surfaces（曲面）】→【Revolve（旋转成型）】命令，制作时光机镜头如图 10-3 所示。

（4）执行【Create（创建）】→【Polygon Primitives（多边形基本体）】→【Cube（立方体）】命令，修改立方体参数，调整细分宽度、细分高度、细分深度分别为 3、6、3。制作时光机机身，如图 10-4 所示。

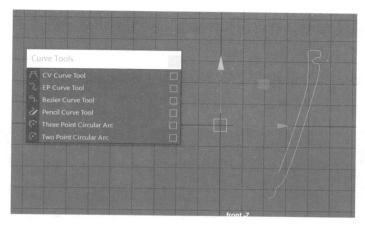

图 10-2 创建 CV 曲线

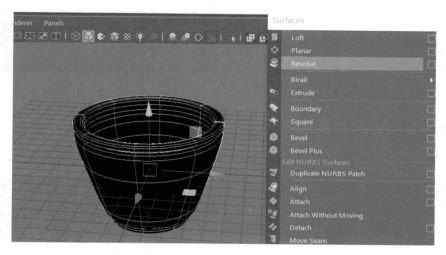

图 10-3 制作时光机镜头

（5）单击鼠标右键，在弹出的快捷菜单中执行【Vertex（顶点）】命令，选择要修改的点进行形状调整，如图 10-4 所示。

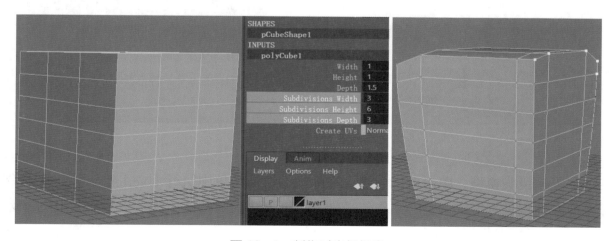

图 10-4 制作时光机机身

（6）圆柱体创建传送带，执行【Create（创建）】→【Polygon Primitives（多边形基本体）】

→【Cylinder（圆柱体）】命令，修改圆柱体参数，调整高度细分数为 16。修改圆柱体的属性参数如图 10-5 所示。

（7）单击鼠标右键，在弹出的快捷菜单中执行【Edge（边）】命令，选择要修改的边进行形状调整。调整边如图 10-6 所示。

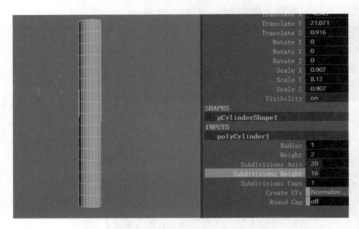

图 10-5　修改圆柱体的属性参数

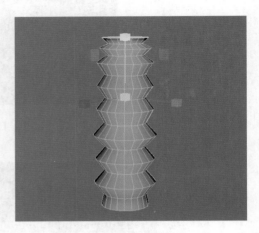

图 10-6　调整边

（8）执行【Deform （变形）】→【Nonlinear（非线性）】→【Bend（弯曲）】命令，调整 bend 属性中【Curvature（曲率）】值，调整到合适的弯曲度。调整弯曲度如图 10-7 所示。

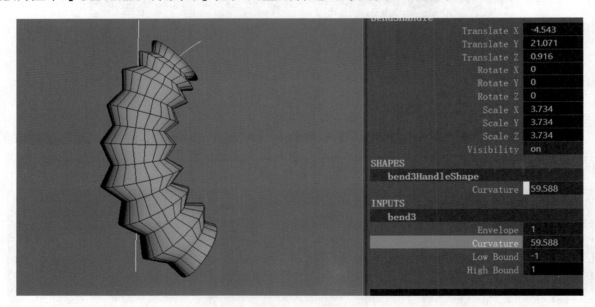

图 10-7　调整弯曲度

（9）复制镜头模型，单击鼠标右键，在弹出的快捷菜单中执行【Vertex（顶点）】命令，选择要修改的点进行形状调整，制作传送带入口。创建的圆锥体（传送带）如图 10-8 所示。

（10）选择所有物体，执行【Edit（编辑）】→【Delete by Type History（删除历史记录）】命令，并执行【Modify（修改）】→【Freeze Transformations（冻结变换）】命令将多边形物体的属性值归零处理。

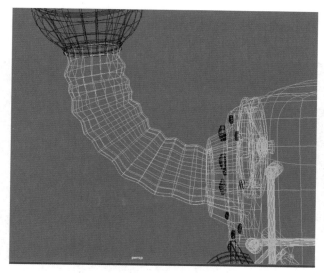

图 10-8　创建的圆锥体（传送带）

 任务总结

（1）使用【Create（创建）】命令创建两种形式的多边形基本体。

（2）使用多边形的基本编辑属性编辑多边形。

（3）最后删除多边形的历史记录并将属性值归零，为后面的骨骼装配做好准备。

任务 2　为时光机添加材质

 任务分析

1. 制作分析

● 使用材质编辑属性进行材质的添加。

2. 工具分析

● 使用【Hypershade（材质编辑器）】命令为多边形添加不同的材质球属性。

3. 通过本任务的制作，要求掌握以下内容

● 能够熟练运用【Hypershade（材质编辑器）】命令为多边形物体编辑材质。

 任务实施

具体操作步骤如下。

（1）执行【Window（窗口）】→【Rendering Editors（渲染编辑）】→【Hypershade（材质

编辑器）】命令，打开【Hypershade（材质编辑器）】编辑窗口，如图 10-9 所示。

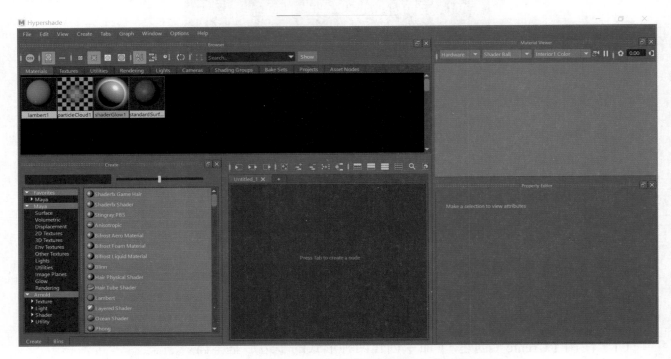

图 10-9　【Hypershade（材质编辑器）】编辑窗口

（2）选择【Blinn（布林）】材质，Blinn 材质球会出现在【Work Area（工作区）】窗口，选择灯套和灯座，在材质球上按住鼠标右键不动，将鼠标箭头转换到【Assign Material To Selection（为当前选择指定材质）】，赋予灯套和灯座材质，如图 10-10 所示。

（3）双击【Blinn（布林）】材质球，打开材质编辑属性，修改材质球颜色，如图 10-11 所示。

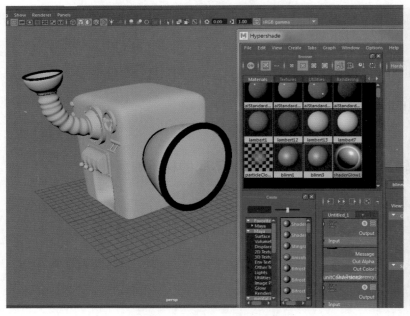

图 10-10　赋予灯套和灯座材质

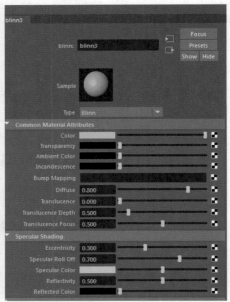

图 10-11　修改材质球颜色

（4）参照步骤（3）为时光机的传送带添加【Lambert（兰伯特）】材质球，编辑传送带材质属性，如图 10-12 所示。

（5）同样为灯泡添加【Phong】材质球，编辑灯泡材质属性，如图 10-13 所示。

（6）实时渲染整个时光机，材质展示如图 10-14 所示。

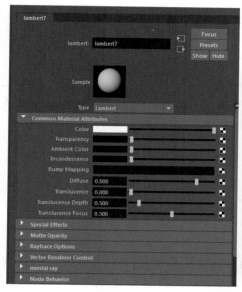

图 10-12　编辑传送带材质属性

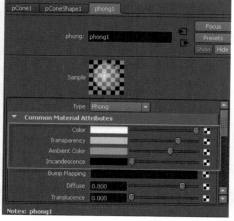

图 10-13　编辑灯泡材质属性

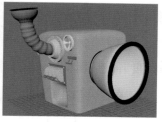

图 10-14　材质展示

 任务总结

（1）使用【Hypershade（材质编辑器）】命令为时光机添加材质属性。

（2）根据物体材质特点进行属性的调整。

任务 3　为时光机装配骨骼

 任务分析

1. 制作分析

● 为时光机添加骨骼和 IK，并通过控制器控制约束多边形的运动。

2. 工具分析

● 使用【Rigging（绑定）】→【Skeleton（骨架）】→【Create Joint（创建关节）】命令为时光机添加骨骼。

● 使用【Skeleton（骨架）】→【Create IK Handle（创建 IK 控制柄）】命令为时光机添加

IK 控制柄。

● 使用【Constrain（约束）】命令为时光机的骨骼添加控制器约束。

3. 通过本任务的制作，要求掌握以下内容

● 能够熟练运用【Rigging（绑定）】命令为多边形进行骨骼装配。

 任务实施

具体操作步骤如下。

（1）框选时光机所有多边形，按【Ctrl+G】组合键，为时光机进行组处理，并将组名称改为"shiguangji"。

（2）执行【Skeleton（骨架）】→【Create Joint（创建关节）】命令，为时光机添加骨骼，如图 10-15 所示。

（3）执行【Skeleton（骨架）】→【Create IK Handle（创建 IK 控制柄）】命令，为时光机添加 IK 控制柄，如图 10-16 所示。

（4）执行【Create（创建）】→【NURBS Primitives（NURBS 基本体）】→【Circle（圆环）】命令，并按【V】键将创建出的圆捕捉到"joint8"上，并将圆更名为"ik_control"。

（5）选择"ik_control"，执行【Modify（修改）】→【Freeze Transformations（冻结变换）】命令，将圆的属性值冻结为零，然后执行【Edit（编辑）】→【Delete by Type History（删除历史记录）】命令，将圆的历史记录清空。

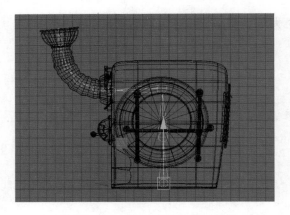

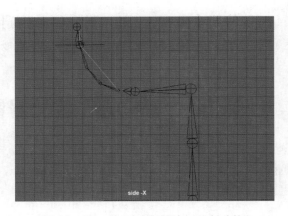

图 10-15　为时光机添加骨骼　　　　　　图 10-16　为时光机添加 IK 控制柄

（6）为 IK 添加控制器约束，先选择"ik_control"，然后按【Shift】键加选"ik_handle1"，执行【Contrain（约束）】→【Point（点约束）】命令，IK 的移动属性变成蓝色显示，用圆控制 IK 的移动变换。点约束如图 10-17 所示。

（7）先选择"ik_control"，然后按【Shift】键加选"joint4"，单击【Constrain（约束）】→【Orient（方向约束）】右侧的■按钮，在打开的属性窗口中勾选【Maintain offset（保持偏

移）】复选框，执行【Apply（应用）】命令，"joint8"的旋转属性变成蓝色显示，旋转"ik_control"，带动 "joint4" 的变换。方向约束如图 10-18 所示。

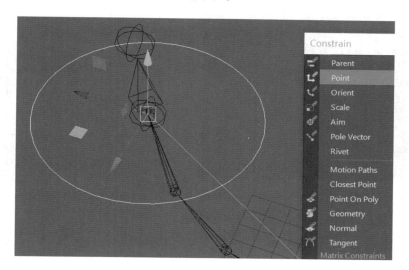

图 10-17　点约束

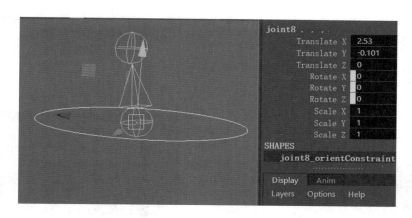

图 10-18　方向约束

（8）创建圆环，缩放大小，再按【V】键捕捉到底部骨骼上，执行冻结变换、删除历史记录。创建圆环如图 10-19 所示。

（9）选择圆环，改名为 "dizuo-control"。

（10）再次创建圆环，旋转并缩放大小，再按【V】键捕捉到 "joint4" 骨骼上，执行冻结变换、删除历史记录。

（11）选择圆环，改名为 "tongdao_control"，选择 "tongdao_control"，加选 "joint4"，执行方向约束。

（12）选择 "dizuo-control"，再选择 "joint1" 执行方向约束，旋转 "dizuo-control"，会发现 "ik_control" "tongdao_control" 不跟随旋转，应当为圆环设置父子关系，选择 "ik_control"，加选 "tongdao_control" 按【P】键，再选择 "tongdao_control"，加选 "dizuo-control" 按【P】键，使其建立父子关系。创建圆形控制器如图 10-20 所示

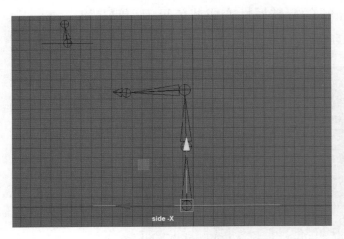

图 10-19　创建圆环

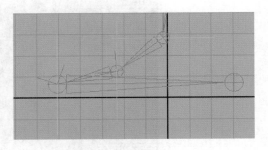

图 10-20　创建圆形控制器

（13）选择"dizuo-control"，在通道盒菜单，执行【Edit（编辑）】→【Add Attribute（添加属性）】命令，在打开的对话框中设置参数，添加【anniu_control】属性，参数值如图 10-21所示。

（14）选择"dizuo-control"，执行【Key（关键帧）】→【Set Driven Key（设置受驱动关键帧）】→【Set（设置）】命令，选择"dizuo-control"，单击 Load Driver 按钮，选择"bashou1"，单击 Load Driven 按钮。驱动设置如图 10-22 所示。

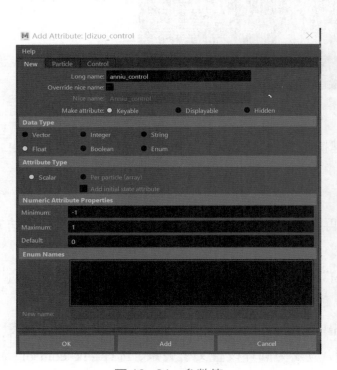

图 10-21　参数值

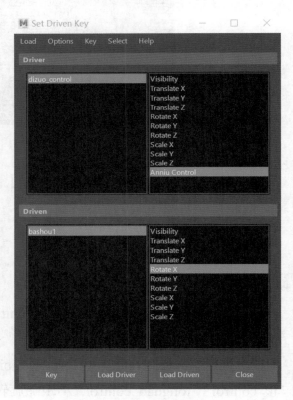

图 10-22　驱动设置

（15）选择【dizuo-control】选项，将【Anniu Control】属性值改为 0，选择【bashou1】

选项，并选择【Rotate X】属性，单击【Key（关键帧）】按钮，如图 10-23 所示。

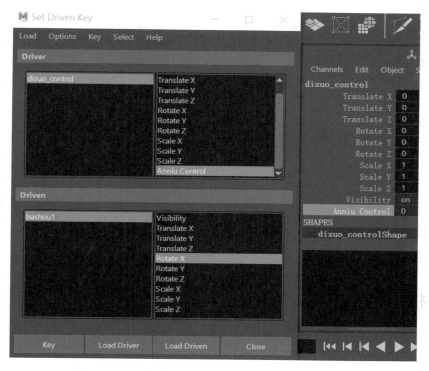

图 10-23　将【Anniu Control】属性值改为 0

（16）选择【dizuo-control】选项，将【Anniu Control】属性值改为-1，选择【bashou1】把手模型，再选择【Rotate X】，将值改为 30，单击【Key（关键帧）】按钮。在【dizuo_control】属性中将【Anniu Control】属性值改为 1，选择【bashou1】选项，将【Rotate Z】值改为-30，单击【Key（关键帧）】按钮，骨骼控制器装配完成，如图 10-24 所示。

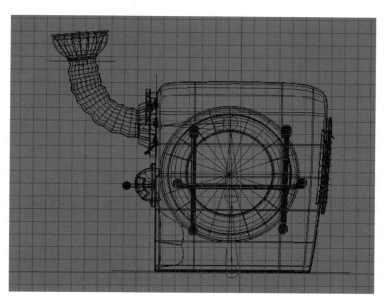

图 10-24　骨骼控制器装配完成

任务总结

（1）使用【Create Joint（创建关节）】命令为时光机添加骨骼。

（2）使用各种约束命令为时光机的骨骼添加骨骼控制器。

（3）驱动关键帧的运用。

任务 4　为时光机蒙皮设置权重

蒙皮是将建模曲面绑定到骨架的过程。可以使用蒙皮将任何模型绑定到其骨架，也可以通过预先存在的骨架上建模以创建其蒙皮。使用蒙皮将模型绑定到骨架后，它与骨架关节和骨骼的变相相一致或背离。

 任务分析

1. 制作分析

● 将时光机与骨骼进行蒙皮处理。

● 利用笔刷工具分配骨骼权重。

2. 工具分析

● 使用【Rigging（绑定）】→【Skin（蒙皮）】→【Bind Skin（绑定蒙皮）】命令为时光机进行蒙皮处理。

● 使用【Rigging（绑定）】→【Skin（蒙皮）】→【Paint Skin Weights（绘制蒙皮权重）】命令为骨骼绘制权重。

3. 通过本任务的制作，要求掌握以下内容

● 能够熟练运用【Rigging（绑定）】命令为骨骼进行蒙皮处理。

 任务实施

具体操作步骤如下。

（1）选择所有骨骼和时光机多边形，执行【Skin（蒙皮）】→【Bind Skin（绑定蒙皮）】命令，为时光机进行蒙皮处理，如图 10-25 所示。

（2）执行【Skin（蒙皮）】→【Paint Skin Weights（绘制蒙皮权重）】命令，单击【Paint Skin Weights（绘制蒙皮权重）】右侧的■按钮，权重设置属性如图 10-26 所示。

（3）使用笔刷工具为时光机绘制权重，不断变化时光机，观看蒙皮效果，不断修改。权重绘制效果如图 10-27 所示。

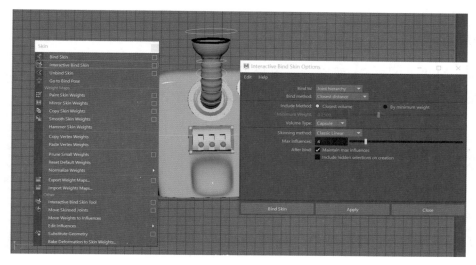

（a）

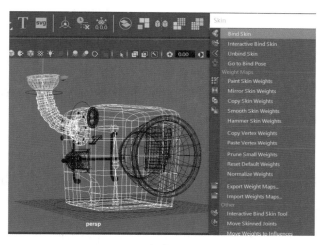

（b）

图 10-25　为时光机进行蒙皮处理

图 10-26　权重设置属性

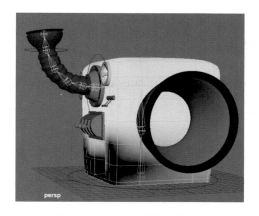

图 10-27　权重绘制效果

任务总结

（1）使用【Skin（蒙皮）】命令进行蒙皮处理。

（2）使用【Paint Skin Weights（绘制蒙皮权重）】命令为骨骼绘制权重。

任务 5　制作一段动画

Maya 中的动画为用户提供了功能强大的工具，使场景的角色和对象充满活力，通过这些工具，用户可以自由地为对象的任何属性设置动画，并获得成功实现随时间变换关节与骨骼、IK 控制柄及模型所需的控制能力。

 任务分析

1. 制作分析

● 手动调节控制器，【Set Key（设置关键帧）】命令为动画设置关键帧。

● 播放渲染动画效果。

2. 工具分析

● 使用【Key（关键帧）】→【Set Key（设置关键帧）】命令为动画设置关键帧。

3. 通过本任务的制作，要求掌握以下内容

● 能够熟练运用【Set Key（设置关键帧）】命令创作动画片段。

任务实施

具体操作步骤如下。

（1）选择"dizuo-control"，在第 1 帧，执行【Key（关键帧）】→【Set Key（设置关键帧）】命令，为"dizuo-control"设置初始关键帧。

注意

也可以选择"dizuo_control"后在属性栏上选择要设置关键帧的属性，执行【Key Selected（为选定项设置关键帧）】命令或者直接按【S】键。

（2）选择"dizuo-control"，在第 50 帧，将【Rotate Y】值改为 1080，按【S】键设置关键帧，单击时间线上的▶按钮播放动画。设置关键帧如图 10-28 所示。

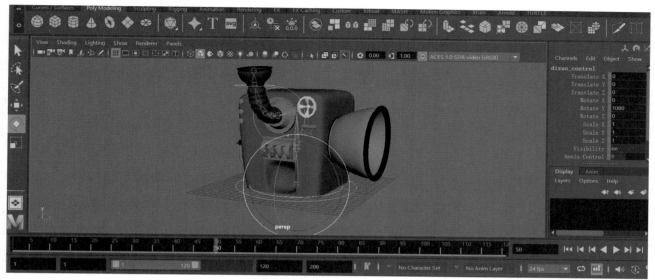

图 10-28　设置关键帧

（3）选择"dizuo-control"，在第 100 帧，将【Rotate Y】值改为-1080，按【S】键设置关键帧。

（4）选择"IK_control"，在第 130 帧按【S】键设置初始关键帧，在 150 帧，将【Rotate Z】值改为-30，按【S】键设置关键帧。将 150 帧复制到 170 帧位置。在 190 帧位置，将【Rotate Z】值改为 0，按【S】键设置关键帧。在 210 帧位置，不改变参数值按【S】键设置关键帧。在 230 帧位置，将【Rotate Z】值改为 40，按【S】键设置关键帧。在 250 帧位置，不改变参数值按【S】键设置关键帧。在 270 帧位置，将【Rotate Z】值改为 0，按【S】键设置关键帧。单击时间线上的 ▶ 按钮可以看动画效果。设置关键帧如图 10-29 所示。

（5）选择"dizuo-control"，执行【Windows（窗口）】→【Animation Editors（动画编辑器）】→【Graph Editor（曲线图编辑器）】命令，打开动画曲线编辑器，调整曲线。编辑动画曲线如图 10-30 所示。

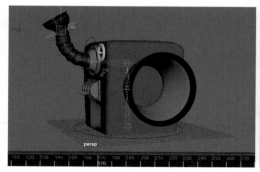

图 10-29　设置关键帧

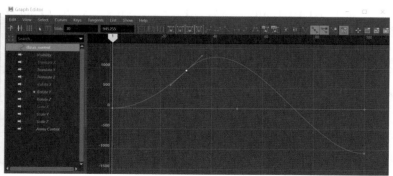

图 10-30　编辑动画曲线

（6）单击 ◄◄ 按钮，将动画回到第 1 帧，单击 ▶ 按钮观看动画效果。

（7）选择"dizuo-control"，在 110 帧位置，不改变参数值按【S】键设置关键帧。在 130

帧位置，选择把手模型"bashou1"，将【Rotate X】值改为 30，按【S】键设置关键帧。在 150 帧位置，不改变参数值按【S】键设置关键帧。在 170 帧位置，将【Rotate X】值改为 0，按【S】键设置关键帧。在 190 帧位置，不改变参数值按【S】键设置关键帧。在 210 帧位置，将【Rotate X】值改为-30，按【S】键设置关键帧。在 230 帧位置，不改变参数值按【S】键设置关键帧。在 250 帧位置，将【Rotate X】值改为 0，按【S】键设置关键帧。"dizuo_control" 驱动控制如图 10-31 所示。

图 10-31　"dizuo_control"驱动控制

（8）单击 ⏮ 按钮，将动画回到第一帧，单击 ▶ 按钮观看动画效果。

 任务总结

（1）使用【Set Key（设置关键帧）】命令制作动画片段。

（2）通过动画曲线修改动画效果。

任务 6　添加灯光

 任务分析

1. 制作分析

- 三点布光为场景布置灯光。
- 使用【Create（创建）】→【Lights（灯光）】命令为场景添加灯光。

2. 工具分析

- 使用【Create（创建）】→【Lights（灯光）】命令为场景添加各种灯光效果。

3. 通过本任务的制作，要求掌握以下内容

- 能够熟练运用【Lights（灯光）】命令为场景布置各种灯光效果。

 任务实施

具体操作步骤如下。

（1）执行【Create（创建）】→【Polygon Primitives（多边形基本体）】→【Plane（平面）】

命令，在时光机底部创建一个面片，调整大小。创建面片如图 10-32 所示。

（2）执行【Create（创建）】→【Lights（灯光）】→【Spot Light（聚光灯）】命令，在场景中添加灯光，执行【Modify(修改)】→【Transfomation Tools(变换工具)】→【Show Manipnlator Tool（显示操纵器工件）】命令，调整灯光的照射位置和目的点。"聚光灯 1"的位置如图 10-33 所示。

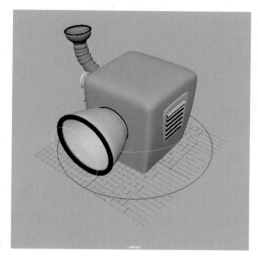

图 10-32　创建面片

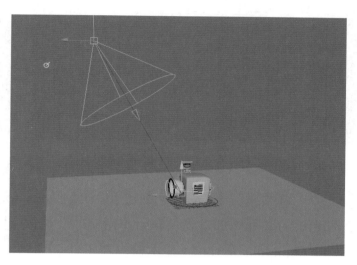

图 10-33　"聚光灯 1"的位置

（3）继续执行【Create（创建）】→【Lights（灯光）】→【Spot Light（聚光灯）】命令，在时光机的后面添加灯光，执行【Modify（修改）】→【Transfomation Tools（变换工具）】→【Show Manipnlator Tool（显示操纵器工件）】命令，调整灯光的照射位置和目的点。"聚光灯 2"的位置如图 10-34 所示。

（4）选择"聚光灯 2"，按【Ctrl+A】组合键打开聚光灯的属性编辑器，修改其参数。"聚光灯 2"的属性设置如图 10-35 所示。

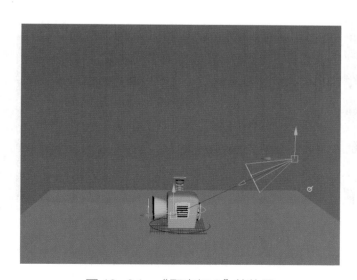

图 10-34　"聚光灯 2"的位置

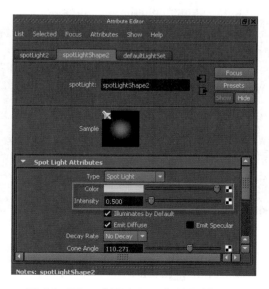

图 10-35　"聚光灯 2"的属性设置

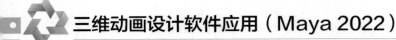

（5）选择"聚光灯 1"，按【Ctrl+A】组合键打开聚光灯的属性编辑器，修改其参数，添加阴影变化。"聚光灯 1"的阴影设置如图 10-36 所示。

（6）单击▦按钮，渲染观看画面灯光效果。"聚光灯 1"的效果如图 10-37 所示。

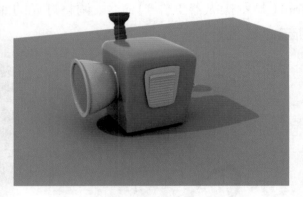

图 10-36　"聚光灯 1"的阴影设置　　　　　图 10-37　"聚光灯 1"的效果

（7）继续执行【Create（创建）】→【Lights（灯光）】→【Spot Light（聚光灯）】命令，在时光机的底部添加灯光，执行【Modify（修改）】→【Transfomation Tools（变换工具）】→【Show Manipnlator Tool（显示操纵器工件）】命令，调整灯光的照射位置和目的点。"聚光灯 3"的位置如图 10-38 所示。

（8）选择"聚光灯 3"，按【Ctrl+A】组合键打开聚光灯的属性编辑器，修改其参数。"聚光灯 3"的属性设置如图 10-39 所示。

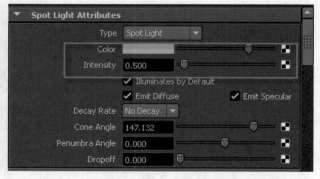

图 10-38　"聚光灯 3"的位置　　　　　图 10-39　"聚光灯 3"的属性设置

（9）单击▦按钮，渲染观看画面灯光效果。"聚光灯 3"的效果如图 10-40 所示。

（10）继续执行【Create（创建）】→【Lights（灯光）】→【Point Light（点光源）】命令，

给灯泡添加光源，执行【Modify（修改）】→【Transfomation Tools（变换工具）】→【Show Manipnlator Tool（显示操纵器工件）】命令，调整灯光的照射位置和目的点。点光源的位置如图 10-41 所示。

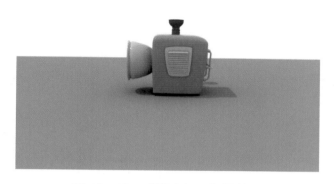

图 10-40　"聚光灯 3"的效果

图 10-41　点光源的位置

（11）单击■按钮，渲染观看画面灯光效果。点光源的效果如图 10-42 所示。

（12）选择"Point light"，按【Shift】键加选"taideng"组，执行【Lighting/Shading（照明/着色）】→【Break Light Links（断开灯光链接）】命令。单击■按钮，渲染观看灯光效果。断开灯光链接的效果如图 10-43 所示。

图 10-42　点光源的效果

图 10-43　断开灯光链接的效果

（13）选择"Point light"，按【Shift】键加选灯泡，执行【Lighting/Shading（照明/着色）】→【Make Light Links（生成灯光链接）】命令。单击■按钮，渲染观看灯光效果。生成灯光链接的效果如图 10-44 所示。

图 10-44　生成灯光链接的效果

任务总结

（1）使用【Create（创建）】→【Lights（灯光）】命令为场景添加灯光效果。

（2）设置独立的光源影响范围。

（3）光源参数的设置。

任务 7　渲染完成

 任务分析

1. 制作分析

● 使用渲染命令渲染合成场景。

● 渲染面板参数设置。

2. 工具分析

● 使用【Render（渲染）】命令渲染动画场景。

3. 通过本任务的制作，要求掌握以下内容

● 能够熟练使用渲染技术渲染场景中的材质、灯光、阴影、动画效果。

 任务实施

具体操作步骤如下。

（1）执行【Window（窗口）】→【Render Editors（渲染编辑）】→【Render Setting（渲染设置）】命令，在弹出的对话框中设置参数。渲染设置如图 10-45 所示。

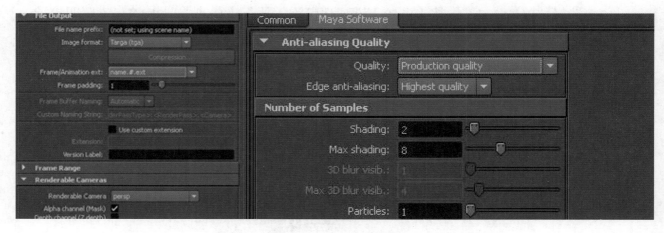

图 10-45　渲染设置

（2）执行【Render（渲染）】→【Batch Render（批渲染）】命令，完成整个动画的创作，如图 10-46 所示。

图 10-46　执行【Render（渲染）】→【Batch Render（批渲染）】命令

 任务总结

（1）渲染属性设置。

（2）渲染生成动画。